Information & Computing-119

コンピュータ科学とインターネット

— 情報のさまざまな表現形式と理論を学ぶ —

疋田輝雄　著

サイエンス社

サイエンス社のホームページのご案内
http://www.saiensu.co.jp
ご意見・ご要望は　rikei@saiensu.co.jp　まで．

まえがき

本書は学生と技術者のための，情報科学，コンピュータ科学，インターネットおよびウェブ科学への入門書である．特にこれらにおける基礎理論と表現形式を重視する．本書の目的は，この広範な分野に対して，その理論と形式のいわば入り口を紹介し，同時にこれらに関する科学技術の展開の例を簡潔に与えることである．

コンピュータ，インターネット，ウェブは互いに密接に関連し一体化している．しかもこれらは広範な諸分野から成り立っている．米国の大学コンピュータ科学科の教育における標準カリキュラム「コンピュータ科学カリキュラム知識体系」(Computing Curricula Computer Science, 2013 年版) では，コンピュータ科学としてつぎの 18 のエリアをあげて，それぞれの内容を多数の項目によって具体的に示している．

アルゴリズムと計算複雑度*	アーキテクチャと構成*
計算科学（数値計算）	離散構造*
グラフィクスと可視化*	ヒューマンコンピュータインタラクション
情報保証と安全*	情報管理（データベース）*
知能システム（人工知能）	ネットワークと通信*
オペレーティングシステム*	プラットフォームによる開発
並列と分散計算	プログラミング言語*
ソフトウェア開発の基礎*	ソフトウェア工学
システムの基礎*	社会と職業の実際*

本書では * 印の付いた 12 のエリアを扱う．残りの六つのエリアは，やや専門的にわたると考えて本書では取り上げない．

本書では情報を，各分野の理論とデータを明確かつ具体的に扱うことで，形式に対する直観を養う．形式とはたとえばプログラムでは字面であり，内容はプログラムの実行の内容である．これら 12 のエリアにおける基本や原理を解説し，さらに発展の方向を考えてゆく出発点としたい．また例は標準的なものを簡潔に示した．表現形式の例は図や表として現れている．もっとも，各分野のどこまでを紹介するかは分野によって精粗がある．

分野に対する別の観点として，これら全体を俯瞰的に見なおすと，つぎの五つに分類することができる．

(1) 基礎理論として，数学，物理学，電子工学，通信工学からの援用
(2) 情報とその表現形式，処理方法
(3) コンピュータのハードウェア設計およびソフトウェア・プログラミング
(4) コンピュータネットワークの基本としてのインターネットおよびウェブ
(5) 各種の広範で多岐にわたって発展している数多い応用情報システム

この五つの分類からいうと，本書では (1) 基礎理論および (5) 応用情報システムについては他書に譲り，情報・コンピュータ・インターネットの中心となる (2), (3), (4) の中からいくつかの具体的な分野を選んで，主に基礎理論的な立場から概説する．

コンピュータの世界は，この 70 年間において，驚くべき進展を見た．インターネットやウェブは30年を経過した．その中で各種の分野の展開を見て，ようやくその基本となる知識（Body of Knowledge）が定まってきた．しかし同時に，それぞれの分野の先端部分と基礎との間の乖離も進んでいて，このことは学習・教育において一つの大きな障害となっている．本書ではその形式と意味の簡潔な説明と，適切な例を示すことによって，この弊害を補おうと考えている．なお，急速に発展する先端的な技術課題については，ウィキペディアも参考になった．感謝する．なおウィキとはハワイ語の速いの意で，ペディアはギリシア語源で教育の意味だそうだ．本書は各分野の入り口の紹介である．私は何事でもどの分野でも入り口こそ大事だと思う．

一般に，技術や工学，工学的製品を考えるとき，重要なのはつぎの諸点だとされている．

(1) 使用するパワー／エネルギー量
(2) 機能・性能
(3) コスト

(4) 安全性・信頼性・耐用性

(5) 応用性・柔軟性

これらのことはコンピュータおよびインターネットでも同様に重要である．情報のどの分野を扱うにしても，根本となる観点はつねに忘れないようにしたい．

グローバルという語は，大域的という意味で，情報分野ではローカルと対照してよく用いる．グローブ（globe）の元の意味は球（ボール）というラテン語で，転じて地球，地球儀の意味から，さらに大域の意となった．ヒト，モノ，カネとよくいうことがあるが，情報もそれに加えたい．これら四つの中でもっともグローバル，世界的で即時的なものは情報であろう．情報が重要な所以である．

なお各章の最後に章末問題を載せている．解答は全部ではないが，サポートページにある．

本書の初稿に対して詳細懇切なコメントをいただいた，石畑清氏（明治大学）と早川智一氏（明治大学）の両氏，また長年にわたってまとめるのに苦労した本書執筆に対して辛抱強く督促応援していただいたサイエンス社の田島伸彦氏，および編集部の鈴木綾子氏に対して深く感謝する．最後に，妻 眞理の長い間の理解と協力をここに記して感謝する．

2019 年 5 月

疋田輝雄

章末問題の解答はサイエンス社ホームページ

http://www.saiensu.co.jp

のサポートページにあります．

目　次

第3章　数，文字，マルチメディアの表現　22

第4章　アルゴリズム　36

第8章　データベース　90

第9章　コンピュータグラフィクス　97

第10章　コンピュータネットワークとインターネット　103

第11章　ウ　ェ　ブ　117

第12章　セキュリティ，暗号，社会と情報　130

参　考　文　献　138

索　　引　143

コラム

第1章 情報と表現

情報とは何か．情報とは，人間あるいは機械から，人間あるいは機械へ，何か伝達するもののことである．つまり情報には，その発信者と受信者とが必ず存在する．さらに情報の概念には，その意味，表現，表現の形式，媒体などいろいろな側面があるが，その中でも情報の表現は重要である．

情報の一般論について本書の最初にまとめる．特に，情報を伝えたい内容とその表現とに，意識して分けて考えることが大事である．

1.1 情報と表現

情報（information）とは，送信者から受信者へ伝達される，何かの量で表現されたあるものである．量は物理量あるいは生理的な量などである．言い換えれば，送信者と受信者による物理量の解釈である．人間あるいは機械（コンピュータ）は，物理量を，あらかじめ人間あるいは機械がもっている認識の範疇に照らし合わせて，その意味を解釈する．単なる物理量や生理的，社会的な量ではなく，それらの解釈である．人間同士，人間と機械，あるいは機械同士という二者の間で，情報の解釈が一致するとき，その二者間で情報の通信つまり伝達が成立する．そこでは基本の条件として，情報の物理量による双方の**表現**（representation）の一致が必要である．

一つのわかりやすい例として，道路の交差点に設置されている信号機を考えよう．青・黄・赤の3色の信号のうちで，たとえば赤色のシグナルは，ある範囲の波長をもつ光（電磁波）という物理量（あるいは生理的な量）だが，これはたいていの国の人間にとって，交差点通過の停止つまり「ストップ」を表す．ストップというあらかじめ決められた意味と，その赤色の波長による表現とを結びつけて，歩行者，自動車，信号機の間で「赤色」の意味を共有している．この場合では，情報の内容はストップで，情報の表現は赤色である．

二者間の情報の解釈の一致のためには，情報の表現に何らかの形式化があるわけである．たとえば人間の用いる自然言語では，日本語や英語における発音，語彙や文法が存在していて，これらが共通でなければ人間同士の通信は成立しない．先の場合ではストップは赤色であるという共通の理解である．

人間の情報は，物理量として，人間が発声し，文字を書き，絵を描き，それらを聞き取り，読み取る．映画やTVでは表現は画像と音声の時間上の連続である．その発された情報がメディア（媒体，情報媒体），つまり石，木，パピルス，紙，磁気媒体，光学媒体などの上に記録，更新，再利用される．それらの媒体から情報を取り出すのは，容易とは限らず，媒体ごとにプレイヤと呼ばれる再生装置が必要になることがある．人間にとってプレイヤの必要でないメディアは簡単でよい．

多様な表現形式

表現の形式は別の形式に変換されることがしばしば必要となる．2進数から10進数への変換を**2進10進変換**といい，その逆を**10進2進変換**という．日本語文を英文に翻訳するのも一つの例である．表現は変換されても，その意味は変わらないはずである．人間は意味には敏感だが，表現の形式には鈍感である．

このように情報は，その内容と，その表現とに分けて考えることができる．10進数で表現されている数100は，これは実体として（10進数表現の）99に1を加えた数である．この数を2進数表現で表すと，1100100であり，16進数表現ならば64である．すなわち，一つの（この場合は数学上の）実体に対して，表現法はいくつも，実は際限なく存在する．暗号化（12.2節）も表現のうちの一つで，わざと人間や機械に理解しにくくするものであるが，意味は保っているはずである．

逆に，ある一つの表現が場合によって異なる実体を表していることがある．表現11は，2進数表現なら$1 \times 2 + 1$という値だが，これが10進数表現なら$1 \times 10 + 1$という値である．すなわち，情報としての物理量に対して，それをどのように解釈するかの形式が，情報の表現である．

情報の表現の違いに効率の差があるのだろうか．表現したいある一つの内容に対して，その表現方法はいくつもある．たとえば百（これもすでに一つの表現だが）という数に対して，その表現法は，10進法の100，2進法の1100100，8進法の144，16進法の64，英語のhundred，フランス語のcent，漢字の百，ひらがなのひゃく，カタカナのヒャク，それに壱百というのもある．これらの表現は，そのサイズや，人間にとってのわかりやすさ（視覚，聴覚，認識），機械や通信での扱いの容易さが異なる．これらが表現の効率である．英字アルファベット（ラテン文字）と漢字とで，どちらが表現の効率がよいのだろうか．ひらがな，カタカナ，ハングルではどうだろうか．人間とコンピュータとで違うだろうし，どの表現もそれぞれ，特徴があり一長一短であるということだろう．

様々なデータに対して，コンピュータや通信機器つまり機械にとって，もっとも一般的で最適な表現方法は現在のところ，**2 進表現**（binary representation）だろう．そのままで解釈し実行でき，表現サイズにも無駄はない．2 進表現を使用する最大の理由は電気回路や電気通信での扱いやすさであろう．しかし人間にとってはどうだろうか．人間には自然言語表現がわかりやすいが，コンピュータへの翻訳の必要がある．10 進数表現に人間は（教育の成果で）慣れているが，2 進数への変換には少々手間がかかる．

結局，表現の効率とは，そのサイズと，処理しやすさであろうが，これらの二者は反比例するようである．

1.2　情報処理の手順

情報処理（information processing）とは，外界や内部から与えられた情報を何らかの意味で操作して，結果としての情報を得たり，外界に何かの効果を及ぼすことであり，**計算**（computation）を広い意味で捉えるものである．これら情報処理の**手順**（procedure）の表現そのものも情報だということはとても重要である．

処理手順は**プログラム**（program）ともいうが，その形はいろいろある．それは，何を**基本演算**とし，どのような**処理手順**とするかを決めた上で，手順の表現をすることになる．

コンピュータのハードウェアのレベルで実行を考える場合は，その手順を機械命令の列として表現する．表現したものを**機械語プログラム**という．これはプロセッサ内のレジスタ上や主メモリ中にあるデータに対して，四則演算などの演算を施す．プログラムは，実行のための最終形としては 0 と 1 からなるビット列として表現されるが，人間のための表現として，記号命令プログラムつまりアセンブリ語プログラムがある．

コンピュータのためのプログラムにも様々な形がある．チューリング機械の仕様，実際のコンピュータの機械語プログラム，高級プログラミング言語プログラム，ソフトウェアパッケージでのパラメータ，自然言語の指示書などである．チューリング機械（Turing machine）の一つの具体的な例が4.10節にある．

プログラミング言語は現在，多様多種に発達している．理由はプログラミング言語が人間にも理解しやすく，そして同時に，機械が理解して実行できるからである．プログラミング言語によって処理手順を記述したもの，つまりプログラムは，それを一つのデータとみなすことができる．データとして取り扱い，加工するのである．この考え方はフォンノイマン（J. von Neumann）のいわゆる**プログラム内蔵方式**（stored program）の計算機の基本概念となっていて，この方式の計算機を今では単に**コンピュータ**（computer）と呼ぶ．これに対して，四則演算や三角関数などの関数計算だけを行うものをカリキュレータ（calculator）あるいは電卓ということがある．

1.3 人間と情報

コンピュータや通信のための情報の表現は，実に多分野で多種に及ぶが，それぞれが形式化および標準化されている．機械同士の情報のやりとりにおける情報の表現の違いや変換は，大きな課題ではあるが，一般に何とか処理できるものである．何とかなる一つの大きな理由は，これらの情報がほぼすべてディジタル表現，つまり単純なビット列として表現されているということがある．

人間同士の情報のやりとりにおける表現の問題は，本書の課題ではないが，もちろん重要である．日本語，英語，フランス語，スペイン語，ドイツ語，ロシア語，ヒンディー語，スワヒリ語，中国語，韓国語など自然言語や，それ以外にも，各種のサインや表情・身振りなどもあり，これらは分野としてはコミュニケーション論として扱われる．

情報のやりとりは，人間とコンピュータとの間では，それぞれに適した表現に違いがあるから，簡単ではない．この困難な課題を扱う分野を**ヒューマンコンピュータインタラクション**（Human-Computer Interaction）といい，重要な専門分野である．コンピュータシステムにおいては，オペレーティングシステムが受けもっていることが多い（6章）．

人間の通信方法はもっと複雑で難しいのかもしれない．人間によるコンピュータへのデータ入力の方法はますます豊かになっている．入力方法は，キーボードから始まって，ウィンドウへのマウスによるクリック，ボタン，パネルにおけるタッチ，音声入力，図形の自動読み取りなどがある．

人間の認識は機械に比べて直観的である．全体を一度に把握することに秀でている．人間に対しては，文字や自然言語を当然として，図形，絵，映像，アニメーション（動画），音声，音楽などのマルチメディアも向いている．五感のうちの，これら視覚，聴覚以外にも，触覚，味覚，嗅覚に基づいたコンピュータとの入出力の試みがなされている．スマートフォン（smart phone）への入力としては画面へのタッチ（touch）による入力が便利である．タッチには感圧式と感電式とがあり，感触が異なる．

情報の表現のわかりやすさは人間にとって重要だが，わかりやすさとは何かというと，心理学（認知）の領域であり，意外に難しい．たとえば色（color）は，無彩色に比べて飛躍的に情報の量が増える．しかしその効果的な使用はやさしくはない（3.3 節）．

構造的なデータの形式の例として，データベースで扱われる表データは，元の表を人間にわかりやすいように，項目の取捨や順序の変更をして見せることを行う．表計算ソフトの Excel にもそのような機能がある．

またデータの表現と操作に関するソフトウェアのモデルとして **MVC モデル**というものがある．これは Model-View-Controller の略で，言語 Smalltalk でのソフトウェア開発の中から出てきた，データベースに関連した考え方である．表のように構造をもつデータを，概念としての表現（モデル），実際のコンピュータ内での表現（内部表現），そしてユーザに対してときに応じての見せ方であるビューとに分けて考える．この，同一のデータを複数の側面から捉えるのはコンピュータならではである．MVC モデルは，実際のソフトウェアアプリケーションシステムの構成を考えるときに効果的な概念の一例である．

1.4 情報の階層

情報のある一まとまりの部分に名前をつけて，その名前で代用すること，これが**抽象化**（abstraction）である．逆に**具体化**（concretion）は，ある名前や概念に対して，その内容や具体例で置き換えることである．いずれにしても，階層の上位を下位に対する抽象化，下位を上位からの具現化，**詳細化**（refinement）などという．抽象化や具体化の**階層**（layer, level）とは，この抽象・具体を何段階にも積み重ねたもの，あるいはその各階層のことである．

情報の階層というより，情報の表現の階層という方が妥当な場合も多い．階層というより変換という方がよい場合もある．さらに，情報の階層はデータの場合も処理の場合もある．

具現化と近い概念として**実装**（implementation），実現がある．具体化よりも実装は人工的，技術的である．これらの間の違いはニュアンスの程度かもしれない．機能の階層の場合，直上の階層の個々の機能を，直下の機能を組み合わせることで実現する．具現化と実装とは同じか異なるかだが，具現化は内容の分割，実装は別の内容による実現といってよさそうである．

コンピュータのハードウェア，ソフトウェアやインターネットの実装は，ほとんどすべて，この抽象・具体の階層からできているといって過言ではない．アーキテクチャ（5章），オペレーティングシステム（6章），機械語や高級言語によるプログラミング（7章），インターネット（10, 11章）の各章に多くの例がある．これらの章の内容の理解は，それぞれの階層の理解だといってよい．

以上では，階層は機能の階層である．下位の階層の機能を上位で全部使うことは少ない．下位の機能は便利だが，ときとして細かすぎて上位階層では使いにくいということが起こる．だから，抽象とは場合によっては捨象である（英語では両者とも abstraction という）．

さらに，情報の抽象・具体の階層は，一列になっているとは限らず，木構造やそれ以上の複雑な構造をなしていることもある．

1.5 離散量と連続量，データ圧縮

アナログとディジタルという語がある．**アナログ**（analog）は連続とか連続量の意味で使い，**ディジタル**（digital）は離散とか離散量の意味で用いられる．コンピュータやインターネットにおいて用いられる各種の情報は，離散的な表現である場合が多い．音声，画像，映像，あるいは数などは，元々連続的な値であるが，離散的な量に近似して表現する．これは表現の効率が理由である．離

散的な表現は処理効率がよいが，近似なので表現の精度に気をつけないといけない．

アナログとディジタルの区別や境界線は区別が簡単ではない場合もある．情報とその表現がからみ，絶対的でなく互いに相対的ともいえる．ディジタル回路において 2 値の離散量を取り扱うが，実際には電子回路の電圧などの連続量を，あるしきい値によって区切って離散量としていて，見方の違いといえる．

離散的な量は，現在のコンピュータやインターネットにおいては，結局は 0 と 1 との 2 種類の値を組み合わせて表現する．この 2 種類の値をとる量を**ビット** (bit) という．しかしこの量は単位として人間が扱うには小さすぎるので，8 ビットを一つにまとめた**バイト** (byte) も，内容を考えない抽象的な情報として，データの保存や通信においてよく用いられる．1 ビットは 2 種類の値を表現でき，1 バイトは $2^8 = 256$ 通りの値を表現できる．1 バイトは 16 進数 2 ケタつまり 0–9, A–F のどれかの 2 ケタで表す．FF は 10 進数 255 で，2 進数の 11111111 である．

音声や画像，映像などの連続的な量で表される情報を，コンピュータ上で扱うときには，これらの量を離散量で表現する．これを**離散化**という．離散表現においては情報のある程度の切り捨てが伴う．

画像，映像や音声の離散化においては一般に，標本化と量子化の二つの概念があり，この両方が必要である．標本化（sampling，サンプリング）とは，連続量を，ある決まった間隔で区切って，そこでの値で元の連続データを近似し表現するものである．画像でいえば，標本化はメッシュ（格子，網目）の精粗である．また時間軸をもつ音声や映像においては，時間軸を離散化することである．

一方，**量子化**（quantization）とは，値をある基本値の倍数で表すことである．つまり実数の整数化（離散化）である．これらの実例はつぎの章にある．

離散表現の特徴は，通信や処理において，表現の容量として効率がよいこと，操作性がよいこと，さらに暗号化しやすいことなどである．しかしデータのコピーが容易という，場合によっての難点もある．データが劣化しにくい（しない）ことは利点でもあり難点でもある．

画像や映像のデータではデータ量が大きくなりがちである．あまりに大きいと，データの保存および伝送に不便である．そのためにデータを圧縮する．その種々の方法をコーデックという．元のデータに戻すことができる方法を可逆圧縮，戻せないのを非可逆圧縮あるいは劣化圧縮という．具体的なコーデックについては3章後半で扱う．

画像，音声，映像など，元々連続的なデータは，サンプリングという操作によって離散データに変換される．近似を行うための離散点の数が多いほど，元のデータの品質は良好に保たれる．近似の程度を表す量は，画像の場合は解像度，音声ではサンプリング周波数，映像では解像度とフレーム数（frame per second，1秒間の画像数）である．

これとは別の離散化である量子化は，画像では，各画素の色の表現方法であり，音声では1標本の音量を何ビットで表現するかということである．画像では各画素は通常のものとして，24ビットの表現がある．RGB表現では，R, G, Bの各色に8ビットを割り当てる（3.3節）．

品質保持のためには，一般に，量子化の程度よりもサンプリングの程度の方が重要である．人間の感覚はサンプリングの程度に敏感で，このことは大事である．映像のフレーム数は，現在通常の映画では24 fps，テレビでは30 fpsである．10 fps程度以下ではスムーズな映像に見えないとされる．

1.6 情 報 量

シャノン（C. Shannon）による情報理論は，情報の表現を量として捉える．情報の伝達の効率，雑音，減衰などを扱うことができる．ここではその入り口の部分である，情報量というものの数学的な定義を見て，その一端を知ることにする．情報を表すデータの集まりに対して，それらの保存や通信における効率のよい表現の平均ビット数を**情報量**という．情報は0と1の列で表す．出現の多いデータは短い表現が効率がよい．

nケタの2進数の情報量をnとする．情報量1とは，対等の二つのものを区別できること，情報量nとは2^n個のものを区別できることと定義する．

このことを一般化して，等確率でない一般の離散確率変数pに対して，平均情報量（**情報エントロピー**）$H(p)$を

$$H(p) = -\sum_{i=1}^{k} p(i) \log_2 p(i)$$

と定義する．ここで $\sum_{i=1}^{k} p(i) = 1$ とする．

値の具体的な例として，情報が 1 種類つまり「1 色」だと，

$$H = -\log_2 1 = 0$$

情報が 2 種類で，それぞれの確率が $\frac{1}{2}$ ならば

$$H = -\left(\frac{1}{2}\log_2\frac{1}{2} + \frac{1}{2}\log_2\frac{1}{2}\right) = 1$$

2 種類の情報の出現確率が $\frac{3}{4}$ と $\frac{1}{4}$ ならば

$$H = -\left(\frac{3}{4}\log_2\frac{3}{4} + \frac{1}{4}\log_2\frac{1}{4}\right) = 2 - \frac{3}{4}\log_2 3 \approx 0.811$$

等確率の場合に比べて少し小さい値になる（情報量が少ない）．

$p(i)$ の値がすべて $\frac{1}{k}$ に等しいとすると，

$$H(p) = -\sum_{i=1}^{k}\frac{1}{k}\log_2\frac{1}{k} = \log_2 k$$

つまり $k = 2^n$ のとき $H = n$ である．n ケタの 10 進数の情報量は $n\log_2 10 \approx 3.32n$，n ケタの 16 進数の情報量は $4n$ である．ケタ数に比例して情報量は増える．

第 1 章の章末問題

1.1 2 進数と 10 進数との表現のサイズを比較しなさい．

1.2 日本語と英語とで表現の効率の一長一短について，両言語を具体的に比較しなさい．かな，漢字と，アルファベットの違いである．

1.3 コンピュータとカリキュレータの違いを調べなさい．

1.4 コンピュータへの入力と，コンピュータからの出力と，どちらがコンピュータ向きでどちらが人間向きか検討しなさい．

1.5 実際のウェブサイトを一つ取り上げて，その各ページのリンクによる関係を図示しなさい．わかりやすい構成とはどのようなものか考察しなさい．

1.6 テレビ，ディジタルカメラ，スマートフォンそれぞれの画面の画素数を調べて比較しなさい．

第2章
離　散　構　造

離散構造（discrete structures）とは，情報を表現したり処理するために用いる基礎的な数学で，その中で特に離散的な構造をもつものである．ここでは基本の概念，記法，用語や具体例が大事である．情報の内容，細部を記述し整理するのに効果がある．離散構造としてここで扱う具体的な対象は，集合（および関係，関数），論理，代数系（特に群と有限体，ブール代数），無向・有向のグラフである．

2.1　集合，関係，関数

2.1.1　集　合

集合（set）とは**要素**（element）の集まりである．要素としては何でもよいが，数や文字などはっきりしたものでなければならない．集合を A とし，要素を a とすると，これを $a \in A$ と書く．記法をまとめると，

- $p \in A$　　要素 p は集合 A に含まれる
- $p \notin A$　　要素 p は集合 A に含まれない

集合を具体的に表す記法には 2 種類がある．

(1)　**外延的定義**（extensional）：要素の列挙による

$A = \{2, 3, 5, 7, 11\}$

(2)　**内包的定義**（intensional）：要素の性質や条件を示す

$B = \{x \mid x$ は整数で 2 の倍数$\}$

例　$5 \in \{2, 3, 5, 7, 11\}$, $5 \notin \{x \mid x$ は整数で 2 の倍数$\}$.

要素を一つももたない集合を**空集合**（empty set）と呼び，記号 $\emptyset$ で表す．その性質として，すべての要素 a に対して $a \notin \emptyset$ である．ある「考察中」のいくつかの集合の要素すべてを含む集合を普遍集合と呼び（一つに決まるわけではない），ここでは U で表す．

数の集合：

$\mathbf{N} = \{0, 1, 2, 3, 4, \ldots\}$	自然数（natural numbers）
$\mathbf{Z} = \{\ldots, -2, -1, 0, 1, 2, \ldots\}$	整数（integers）
$\mathbf{Q} = \{\frac{b}{a} \mid a \in \mathbf{Z}, a \neq 0, b \in \mathbf{Z}\}$	有理数（rational numbers）
$\mathbf{R}$	実数（real numbers）
$\mathbf{C} = \{a + b\sqrt{-1} \mid a \in \mathbf{R}, b \in \mathbf{R}\}$	複素数（complex numbers）

注意　一つの集合には，要素の重複はない，同じ値の要素は一つだけ：

$$\{1, 1, 2\} = \{1, 2\}$$

二つの集合において，一方の集合の要素がすべて他方の集合に含まれるときに，前者を後者の**部分集合**（subset）である，あるいは後者が前者を**包含する**という．つまり $a \in A$ ならば $a \in B$．包含の記法はつぎのとおり．

$$A \subseteq B \qquad A \text{ は } B \text{ の部分集合}$$

注意　$A \subset B$ という記法もあり，これには 2 通りの使い方がある．

- $A \subseteq B$ かつ $A \neq B$．
- $A \subseteq B$ と同じ．

本書では $A \subset B$ を第一の意味で使う．

例　$\mathbf{N} \subset \mathbf{Z} \subset \mathbf{Q} \subset \mathbf{R} \subset \mathbf{C}$

包含の基本的な規則はつぎの四つである．

$$A \subseteq A$$

$$\emptyset \subseteq A$$

$$A \subseteq B \text{ かつ } B \subseteq C \text{ ならば } A \subseteq C$$

$$A \subseteq B \text{ かつ } B \subseteq A \text{ ならば } A = B$$

集合の間の基本的な演算として，**共通部分** $\cap$，**和集合** $\cup$，**補集合** $\sim$ がある．

$A \cap B$	共通部分（intersection）
$A \cup B$	和集合（union）
$\sim A$	補集合（complement）

共通部分 $A \cap B$ は集合 A と B の両方に含まれる要素からなる集合である．和集合 $A \cup B$ は集合 A と B のいずれかに含まれる要素からなる集合である．補集合 $\sim A$ は，大きな普遍集合 U を仮定して，その中で A に含まれない要素からなる集合である．

表 2.1 は集合の間の三つの演算と，空集合と普遍集合との間に成り立つ関係式である．これらの式は，図 2.1 のベン図（Venn diagram）として図示すると正しいことは明らかであろう．これらがすべての関係の基本となる，いわば公理である．

表 2.1 集合演算

$A \cap A = A$
$A \cap \emptyset = \emptyset,\ A \cap U = A$
$A \cap B = B \cap A$
$(A \cap B) \cap C = A \cap (B \cap C)$
$A \cup A = A$
$A \cup \emptyset = A,\ A \cup U = U$
$A \cup B = B \cup A$
$(A \cup B) \cup C = A \cup (B \cup C)$
$A \cap (B \cup C) = (A \cap B) \cup (A \cap C)$
$A \cup (B \cap C) = (A \cup B) \cap (A \cup C)$
$A \cup (A \cap B) = A$
$A \cap (A \cup B) = A$
$\sim (\sim A) = A$
$\sim U = \emptyset,\ \sim \emptyset = U$
$A \cup \sim A = U,\ A \cap \sim A = \emptyset$
$\sim (A \cup B) = \sim A \cap \sim B$
$\sim (A \cap B) = \sim A \cup \sim B$

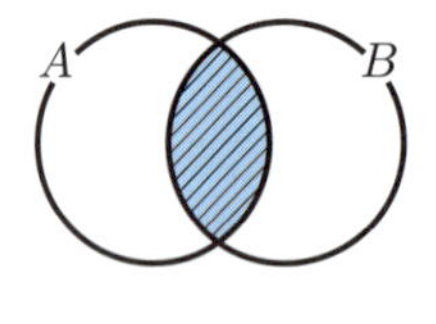

$A \cap B$

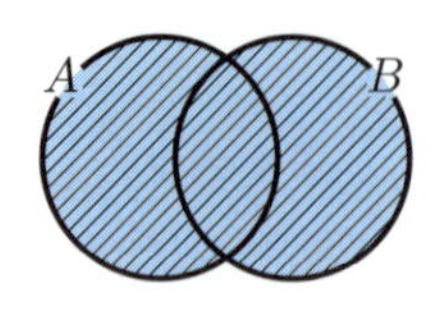

$A \cup B$

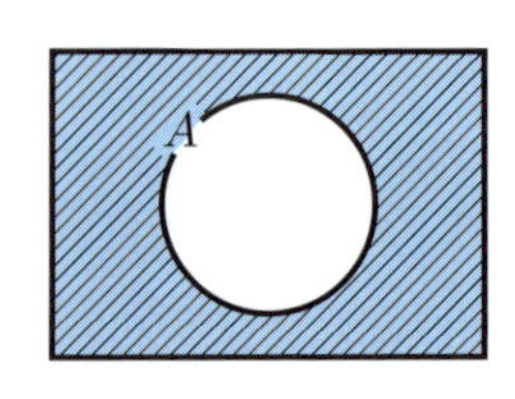

$\sim A$

図 2.1 ベン図

これらの等式を，特に $\cap$ と $\cup$ を2項演算としてみるとき，吸収則と呼ばれる $A \cap (A \cup B) = A$ と $A \cup (A \cap B) = A$ が，数の四則演算と比べて興味深い．

集合 A の**べき集合**（power set）$P(A)$ とは，A の部分集合それぞれを要素とする集合のことである．

例　$A = \{0, 1, 2\}$ のとき，

$$P(A) = \{\emptyset, \{0\}, \{1\}, \{2\}, \{0,1\}, \{0,2\}, \{1,2\}, \{0,1,2\}\}$$

集合の**要素数**（cardinality）とは集合の要素の個数のことで，有限集合の場合は自然数である．

$\sharp A$　　集合 A の要素の個数

例　$\sharp\, \emptyset = 0, \sharp\, \{0\} = 1$

定理　$\sharp(A \cup B) = \sharp A + \sharp B - \sharp(A \cap B)$

べき集合 $\{a, b, c\}$ の要素数は $\sharp P(\{a, b, c\}) = 8$．一般に，$\sharp A = n$ ならば

$$\sharp P(A) = 2^n$$

2.1.2　関　係

次は**関係**（relation），特に2項関係である．一般に，**2項関係**（binary relation）とは，集合 $A \times A$ の部分集合

$$R = \{(a, b)\} \subseteq A \times A$$

R のことである．関係とは対の任意の集合であるが，有向グラフによる表現や，行列による表現がある．集合 $A = \{1, 2, 3, 4\}$ の上の関係 $S = \{(1,1), (1,2), (1,3), (2,2), (3,4)\}$ について，図 2.2 は有向グラフと行列による表現である．コンピュータには行列による表現が向いている．

$$\begin{pmatrix} 1 & 1 & 1 & 0 \\ 0 & 1 & 0 & 0 \\ 0 & 0 & 0 & 1 \\ 0 & 0 & 0 & 0 \end{pmatrix}$$

図 2.2　関係の有向グラフ表現と行列表現

同値関係

次に，**同値関係**（equivalence relation）E とは，要素の間に三つの条件として，反射律，対称律，そして推移律を満たす関係である．

(1) **反射的**（reflexive）：すべての $a \in A$ に対して $(a, a) \in E$.

(2) **対称的**（symmetric）：$(a, b) \in E$ ならばつねに $(b, a) \in E$.

(3) **推移的**（transitive）：$(a, b) \in E$，$(b, c) \in E$ ならばつねに $(a, c) \in E$.

例 集合 $A = \{a, b, c, d\}$ において，

$$E = \{(a, a), (a, b), (b, a), (b, b), (c, c), (c, d), (d, c), (d, d)\}$$

は同値関係である．集合 A の**分割**（partition，グループ分け）とは，A を互いに共通部分のない部分集合の和と表すことで，これを集合の直和ともいう．集合の分割において，それぞれの部分集合の要素同士だけが同値であるとすると，これは同値関係である．上の例の同値関係では，対応する分割は

$$A = \{a, b\} \cup \{c, d\}$$

にあたる（図 2.3）．

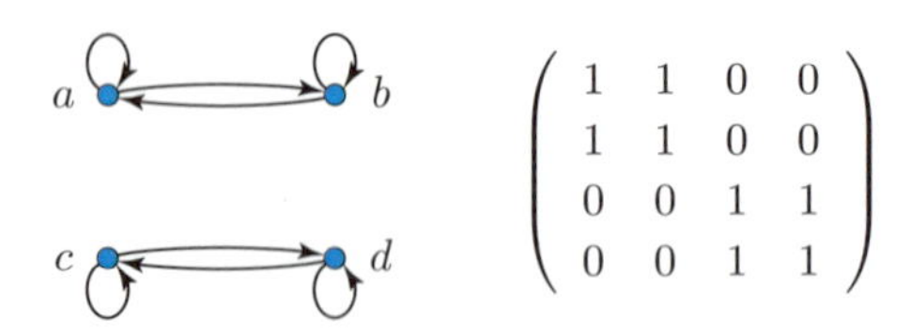

図 2.3 同値関係の集合の分割表現と行列表現

順序関係

順序関係（order relation）M とは，要素の間に三つの条件として，反射律，反対称律，そして推移律を満たす関係である．

(1) **反射的**.

(2) **反対称的**（antisymmetric）：もし $(a, b) \in M$ かつ $(b, a) \in M$ ならば $a = b$. つまり $(a, b) \in M$ かつ $(b, a) \in M$ で $a \neq b$ ということはない．

(3) **推移的**.

特に**全順序集合**（total order）とは，順序集合において，どの二つの要素の間にも関係があることである．整数や実数は数の通常の大小関係によって全順序集合である．

順序関係をもつ集合の表現としては，図 **2.4** のように，行列表現，非巡回有向グラフ（Directed Acyclic Graphs：DAG）による表現，ハッセ図（Hasse diagram）がある．DAG とは閉路をもたない有向グラフである（2.4 節）．ハッセ図は，順序関係において，「すぐ隣り」の順序の要素の間の矢印だけを表したものである．

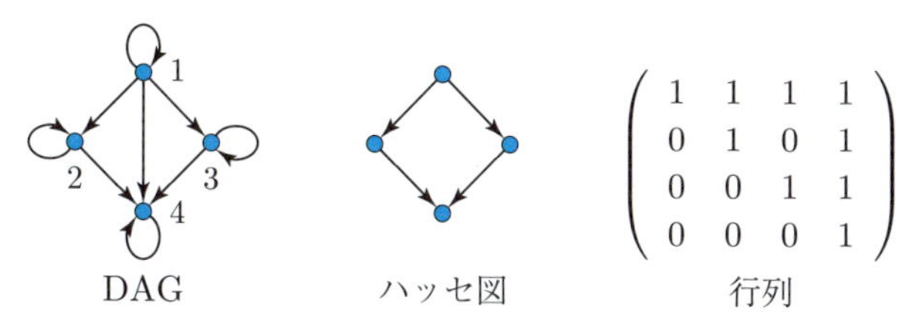

図 **2.4**　順序関係：DAG，ハッセ図，行列

辞書式順序

辞書における単語の並び方を，形式的にきちんと定義し記述する．これは単語の間の全順序関係である．二つの英単語を

$$u = u_1 u_2 \cdots u_m,\, v = v_1 v_2 \cdots v_n, \quad m \geq 1,\, n \geq 1$$

u_i と v_j は英小文字とする（大文字はとりあえず省略）．英小文字の間には $a < b < \cdots < z$ という全順序がある．辞書の中で，単語 u が v よりも前の方にあるときに $u < v$ と書く．たとえば "cat" < "dog" や "in" < "inside" である．$u < v$ となるのは一般に，英字 u_i と v_j の間にどのような関係があることが条件であるか，を数学の記法を使って記述する．

辞書式順序（lexicographic order）の定義としては，つぎのようである．

$u < v$ であるための条件は，$0 \leq k \leq \min\{m, n\}$ を満たす k が存在して，$u_1 u_2 \cdots u_k = v_1 v_2 \cdots v_k$ であり，かつ，

(1)　$m = k < n$ または

(2)　$u_{k+1} < v_{k+1}$

であることである．

この条件を参考のため英語で記述すると,

$u < v$ if and only if

there exists some $0 \leq k \leq \min\{m, n\}$ so that $u_1 u_2 \cdots u_k = v_1 v_2 \cdots v_k$ and

(1) $m = k < n$ or

(2) $u_{k+1} < v_{k+1}$

形式的（formal）とは，必要なところには一部数学的な記法も用いて，あいまいな語や表現，例外がなく，「誰が読んでも間違いなく同一の意味で解釈される」ような記述のことである．ソフトウェアの発注や開発における仕様（specifications）の記述において重要である．定義の記述法は，一般的には，手続き的（アルゴリズム的）な定義，つまり対象データに対して手順を踏むと決まるような定義よりも，静的な定義，つまり対象の性質から（性質を解析して）決まる定義がわかりやすい．

2.1.3 関 数

集合 A から B への**関数** f とは，$f : A \to B$ と記述し，これは2項関係の一種で，条件は

(1) すべての $a \in A$ に対してある $b \in B$ が存在して $(a, b) \in f$ である．

(2) すべての $a \in A$ に対して $(a, b) \in f$ となる $b \in B$ はただ一つ存在する．

これを $f(a) = b$ と書く．

関数 $f : A \to B$ が**上への**関数 (onto, surjective) であるとは，すべての $b \in B$ に対してある $a \in A$ が存在して $f(a) = b$ となることが条件である．

関数 $f : A \to B$ が**一対一**の関数（one-to-one, injective）であるとは，$f(a) = f(a') = b$ ならばつねに $a = a'$ となることが条件である．

関数 $f : A \to B$ が**一対一対応**（one-to-one correspondence）であるとは，f が上へと同時に一対一であることが条件である．このような f が存在するとき，集合 A と B の要素間にきれいに対応がつくわけである．

以上の定義は，たとえばリレーショナルデータベースにおける主キーなどで現れる．

2.2 命 題 論 理

命題論理（propositional logic）の証明系を紹介する．これは述語論理や自然数論，公理的集合論などの，論理体系の基礎となるものである．

項（term）は，論理変数と T と F を論理演算子で組み合わせたものである．論理演算子の一つの組としての選び方はいろいろありえるが，たとえば，$\wedge$, $\vee$, $\neg$, $\rightarrow$, $\leftrightarrow$ がある．一般に証明とは，左辺の前提の元で，これを規則を用いて変形を続けて，右辺を導くことである．ここでは，

$$E_1, E_2, \ldots, E_m \vdash F_1, F_2, \ldots, F_n$$

を順に導出していくことで，$\vdash$ の左辺は項の and で，右辺は項の or である．

表 2.2 はゲンツェン（G. Gentzen）による NK という名称の命題論理システムで，自然演繹と呼ばれるものの一つである．φ や ψ は項，Γ や Δ は項の列である．公理は左辺から右辺を導くが，適用に条件のあるものがあり，ここではそれを省いている．

表 2.2　命題論理 NK

記号	導出規則
$(\bot E)$	$\bot \vdash \varphi$
$(\neg E)$	$\varphi, \neg\varphi \vdash \bot$
$(\neg I)$	もし $\Gamma, \varphi \vdash \bot$ ならば $\Gamma \vdash \neg\varphi$
$(\wedge I)$	$\varphi, \psi \vdash \varphi \wedge \psi$
$(\wedge E)$	$\varphi \wedge \psi \vdash \varphi$ と $\varphi \wedge \psi \vdash \psi$
$(\rightarrow E)$	$\varphi, \varphi \rightarrow \psi \vdash \psi$
$(\rightarrow I)$	もし $\Gamma, \varphi \vdash \psi$ ならば $\Gamma \vdash \varphi \rightarrow \psi$
$(\vee I)$	$\varphi \vdash \varphi \vee \psi$ と $\psi \vdash \varphi \vee \psi$
$(\vee E)$	もし $\Gamma, \varphi \vdash \xi$ かつ $\Delta, \psi \vdash \xi$ ならば $\Gamma, \Delta, \varphi \vee \psi \vdash \xi$
	$\neg\neg\varphi \vdash \varphi$

2.3 群と有限体，ブール代数

コンピュータ科学において重要な代数系である，群，有限体，ブール代数の定義と例を紹介する．

2.3.1 群

定義 集合 G の上に 2 項演算 $\circ: G \times G \to G$ があって，つぎの 3 公理を満たすとき，G を**群**（group）という．

(1) $(a \circ b) \circ c = a \circ (b \circ c)$

(2) ある元 $e \in G$ があって $a \circ e = e \circ a = a$．これを**単位元**（unit）という．

(3) すべての $a \in G$ に対してある a^{-1} があって $a \circ a^{-1} = a^{-1} \circ a = e$．これを**逆元**という．

つぎの群の例はコンピュータグラフィクスでも用いられる．2 次元の平面の回転の全体は群をなし，**回転群**という．回転を 2 次の行列で表現し，回転の合成を行列の積で表すと，つぎのようになる．

$$SO(2) = \left\{ \begin{pmatrix} \cos\theta & -\sin\theta \\ \sin\theta & \cos\theta \end{pmatrix} \middle| \, 0 \leq \theta < 2\pi \right\}$$

2.3.2 体

定義 集合 F の上に二つの 2 項演算の加算と乗算があり，つぎの 3 公理を満たすとき，F を**体**（field）という．特に要素数が有限の場合に**有限体**という．

(1) 加算について可換群である（つまり $a + b = b + a$）．

(2) 加算の単位元を 0 として，$F - \{0\}$ が乗算について群である．

(3) 分配則 $a(b + c) = ab + ac$ と $(a + b)c = ac + bc$ が成立する．

素数 p に対して，整数の mod p の加算と乗算によって，要素数 p の有限体が存在する．$\{1, 2, \ldots, p-1\}$ が乗算 mod p が群であることが肝心である．表 2.3 は要素数 3 の体 $\{0, 1, 2\}$ である．

表 2.3　有限体 $GF(3)$

加算

$+$	0	1	2
0	0	1	2
1	1	2	0
2	2	0	1

乗算

$\times$	1	2
1	1	2
2	2	1

2.3.3　ブール代数

真と偽の値をもつ命題の間の演算として，論理積 $P \wedge Q$，論理和 $P \vee Q$，否定 $\overline{P}$ がある．これらの間の関係を代数として考えることができて，これをブール代数（Boolean algebra）という．

この代数の公理系は表 2.4 である．集合の演算ときれいに対応している．

表 2.4　ブール代数の公理系

$A \wedge A = A$
$A \wedge F = F,\ A \wedge T = A$
$A \wedge B = B \wedge A$
$(A \wedge B) \wedge C = A \wedge (B \wedge C)$
$A \vee A = A$
$A \vee F = A,\ A \vee T = T$
$A \vee B = B \vee A$
$(A \vee B) \vee C = A \vee (B \vee C)$
$A \wedge (B \vee C) = (A \wedge B) \vee (A \wedge C)$
$A \vee (B \wedge C) = (A \vee B) \wedge (A \vee C)$
$A \vee (A \wedge B) = A$
$A \wedge (A \vee B) = A$
$\overline{\overline{A}} = A$
$\overline{T} = F,\ \overline{F} = T$
$A \vee \overline{A} = T,\ A \wedge \overline{A} = F$
$\overline{A \vee B} = \overline{A} \wedge \overline{B}$
$\overline{A \wedge B} = \overline{A} \vee \overline{B}$

2.4 グ ラ フ

グラフ（graph）は**頂点**（vertex, node）いくつかと，2 頂点の間を結ぶ**辺**（edge, arrow）いくつかからなる．辺に向きのないものを**無向グラフ**（undirected graph），向きのあるものを**有向グラフ**（directed graph）という．典型的な無向グラフの例を図 2.5 に示す．

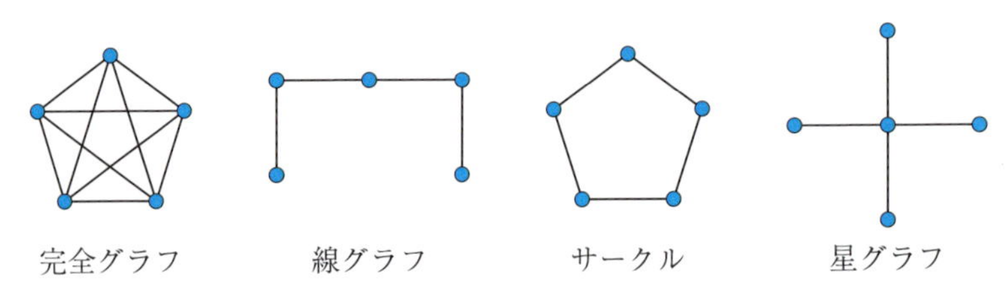

図 2.5 完全グラフ，線グラフ，サークル，星グラフ

頂点数および辺数の有限なグラフを有限グラフという．有限無向グラフにおいて，一つの頂点から出ている辺の数をその頂点の**次数**（degree）という．辺の総数を N とすると，

$$\sum_v \deg(v) = 2N$$

これはグラフのローカルな情報とグローバルな情報を結ぶ式の最初のものといえる．

グラフの二つの頂点の間を連続してつながった辺の列のことを**道**（path）という．これら二つの頂点が一致して，道が 1 点から出てずっと回って元の点に戻るような道のことを**閉路**（closed path）または**巡回路**（cycle）という．

グラフの**行列表現**（matrix representation）はコンピュータで扱う際に便利である．グラフの頂点の数を n として，$n \times n$ の行列 $M_G = (c_{ij})$ について，頂点 i と頂点 j の間に辺があるとき $c_{ij} = 1$，i と j の間に辺がないとき $c_{ij} = 0$ とする．これをグラフの**隣接行列**（adjacency matirix）という．グラフをコンピュータで扱うときにこの表現を用いる．グラフの行列表現とその計算は，グラフの頂点間の最短距離など，グラフの応用において重要である．

グラフ G の行列表現を M とすると，その行列積 M^k（$k \geq 0$）の (i, j) 成分の値は，頂点 i から頂点 j への長さ k のパスの本数を示している（図 2.6）．ただしパスは，その途中で頂点や辺の重複を含む．

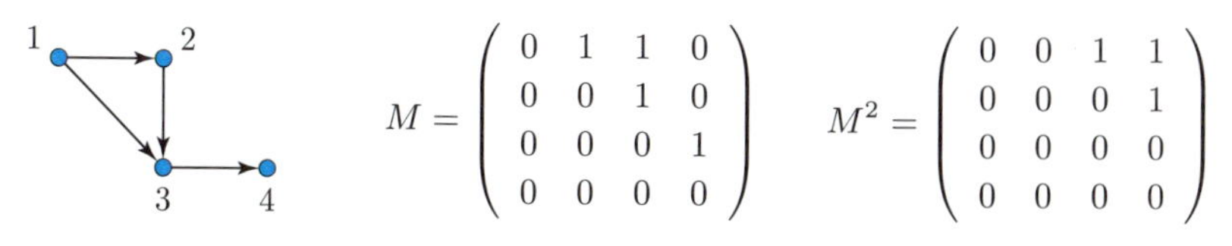

図 **2.6**　グラフの隣接行列の積

木（tree）とは，グラフで巡回路を含まないものである（図 **2.7**）．

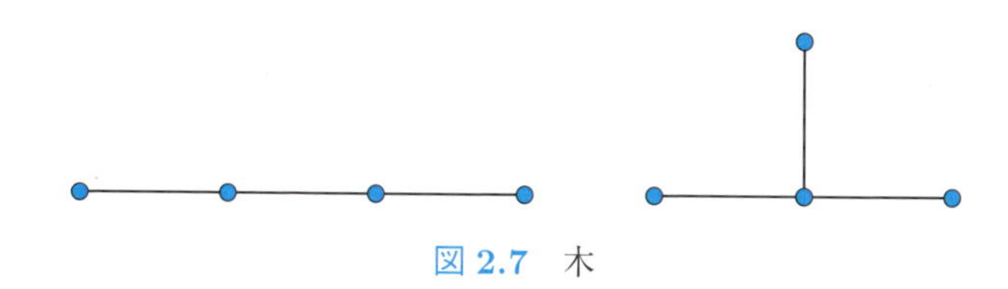

図 **2.7**　木

根付き木（rooted tree）とはつぎのようなものである（図 **2.8**）．木において，特定の一つの根とよばれる頂点があり，辺には向きがあり，根から葉の方向へ向きが揃っているものをいう．

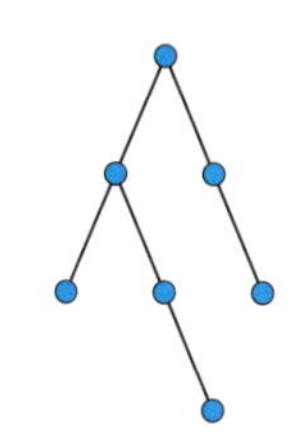

図 **2.8**　根つき木

第 2 章の章末問題

2.1　集合 $\{a, b, c\}$ の上の 2 項関係の総数はいくつありますか．

2.2　一般に群において，$(a \circ b)^{-1} = b^{-1} \circ a^{-1}$ であることを証明しなさい．

2.3　要素数 7 の有限体の加算と乗算の演算表を示しなさい．

2.4　図 **2.5** のグラフの各頂点の次数を調べなさい．

2.5　ブール代数における等式 $\overline{A} \vee \overline{B} = \overline{A \wedge B}$ は**ド・モルガン**（de Morgan）の公式という．このベン図を示しなさい．

第3章
数，文字，マルチメディアの表現

ここでは，数，文字，画像，音声，映像など，基本となるデータが，コンピュータやインターネット上でどのように表現され扱われるかを見ていく．一般に，一つの情報に対してその表現は一つとは限らない．しかし処理のしやすさ，表現の効率，人間にとってのわかりやすさなどの点で，それぞれの表現には得失がある．もっとも基本的なデータである数や文字と，人間にとって直観的でわかりやすい情報であるマルチメディアについて，コンピュータで使用されている表現には具体的にどのようなものがあるのだろうか．

それぞれの表現が使用される理由を考え，知ることが大事である．ある表現が使用される理由は様々で，理論的，工学的，心理的，歴史的，経済的，社会的，そして時に政治的な理由がある．情報の表現の選択や価値にはこのような多面性がある．

同一の情報に対する2種類以上の表現方法の間の変換は頻繁に行われる．特に，コンピュータ内部や通信の表現と，それらの人間のための表現（プリンタやディスプレイ）との間の変換は重要である．

3.1　数

整数の表現

最初に数の表現を見てみよう．整数の表現は，現在のコンピュータの内部では，0と1とを組み合わせた2進数の32ビットあるいは16ビットで表す．人間の日常生活では10進数を用いることがほとんどであるが，コンピュータや通信には2進数の方が効率がよいとされる．一方，初期の事務処理用コンピュータでは，10進数を内部表現に用いたものも存在した．16進数による表現は，2進数との間の変換が容易なので，コンピュータと人間との共通の整数表現として，ソースプログラム上などでよく用いる．

2 進数 $a_n a_{n-1} a_{n-2} \cdots a_1 a_0$ は，a_0 から a_n をすべて 0 か 1 として，

$$a_n 2^n + a_{n-1} 2^{n-1} + \cdots + a_1 2^1 + a_0$$

という（進数の表現によらない）ある整数の値を表現している．たとえば 1 バイト（$n = 7$ つまり 8 ビット）の大きさの 2 進数 00001111 は，

$$2^3 + 2^2 + 2^1 + 2^0 = 15$$

だから，10 進数の 15 を表現する．

次に負の整数をどのように表現しているかというと，現在は **2 の補数**表現（two's complement）を用いるのが普通である．32 ビットの大きさで整数を表現することが普通なので，2^{32} 通りの整数を表せるから，$-2^{31} \sim 2^{31} - 1$ の範囲の整数を表現できる．つまり -2147483648 から 2147483647 までの間の数を扱える．およそ 21 億の大きさまでの正負の整数である．これ以上に大きな整数はいわゆる多倍長数で扱う．

具体的な表現としては，つまり 32 ビットの範囲への数のあてはめ方だが，負の整数はつぎのように表現している．まずは 8 ビットの場合を例として見ると，-2^7 から $2^7 - 1$ までの整数は順に，表 3.1 のように表現する．負数の表現をよく見てほしいが，先頭ビットの 1 が負数を表している．通常の 32 ビットの場合が表 3.2 である（負数の表現は，10 進は人間用，2 進と 16 進は機械用の表現）．

表 3.1　2 の補数表現 — 1 バイト版

2 進	10 進	16 進
01111111	127	7F
01111110	126	7E
...	...	...
00000010	2	02
00000001	1	01
00000000	0	00
11111111	−1	FF
11111110	−2	FE
...	...	...
10000001	−127	81
10000000	−128	80

表 3.2 2の補数表現 — 4バイト（32ビット）版

10進	16進
2147483647	7FFFFFFF
2147483646	7FFFFFFE
…	…
2	00000002
1	00000001
0	00000000
−1	FFFFFFFF
−2	FFFFFFFE
…	…
−2147483647	80000001
−2147483648	80000000

2の補数表現はゲタをはく表現である．負数に対して，2^{32} という値をはかせた結果の値である．2の補数表現において，特に -1 は，$11\cdots11$ つまりすべてのビットが1である．このことはデータの内部表現として使える値として覚えておくとよい．

整数の負の数にこのような表現を使う理由は，回路では減算がしやすいからで，減算に加算回路を使えるからである．まず，ある整数 a の表現に対して $-a$ の表現を得るには，

「a の表現の各ビットを反転して，1を加える」

とよいという簡単なルールである．減算 $a-b$ は，$a+(-b)$ として，反転と1および a を加えることで得られる．ビットの反転は回路としては容易だから，加算の回路だけですむ．たとえば $25-13$ は，25は00011001，13は00001101だから，

$$00011001 + 11110010 + 1 = 00001100$$

で，12が得られる．

浮動小数点数

つぎに整数以外の数，いわゆる実数はどのように表すかというと，物理学や工学において伝統的な，**浮動小数点数**（floating point number）という表現を用

いる．これは数を，符号を表す部分と，決まったケタ数の精度部分と，10, 2, 16 などのべき乗を表す部分との，積の形で表現する．

$$s \ \times f \ \times 2^e$$

s は符号を表す 1 ビット，f は精度で**仮数**（fraction）と呼ばれる部分，つまり有効ケタを表す．e は**指数**（exponent）と呼ばれる．たとえば円周率 π の値の浮動点数表現は 0.314159×10^1 である．

浮動小数点数は，現在，IEEE 754-2008 規格が採用される（IEEE 浮動小数点数演算標準）．この標準規格では，値のうちに，「無限」や，「数でない値」(NaN) を含む．基本形式が 5 種類あるが，そのうちの代表的な一つでは，64 ビットで，符号 1 ビット（0 か 1），仮数 52 ビットと指数 11 ビットで表現される．b は基数で 2 である．

$$s \ \times c \times b^q$$

正負の $4.940 \ \times 10^{-324} \sim 1.787 \ \times 10^{308}$ の範囲の数を表現する（図 **3.1**）．

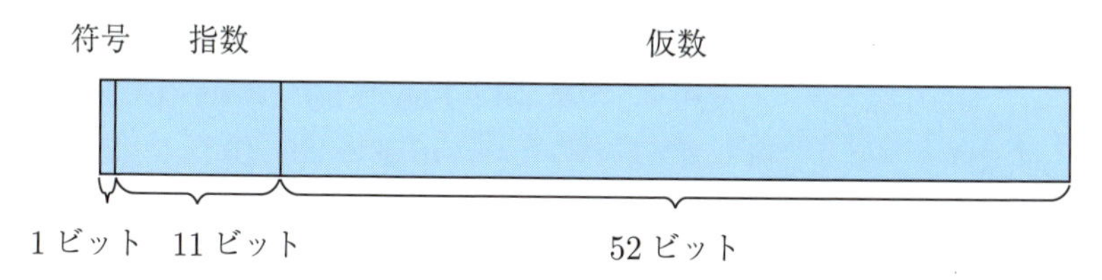

図 **3.1**　浮動小数点数の表現

浮動小数点数の間の計算で，一般に精度において気をつけるべきこととして，丸め誤差やケタ落ちがある．**丸め誤差**（rounding error）とは，浮動小数点数の精度に制限があることから来る誤差である．**ケタ落ち**とは，絶対値が同じ程度の二つの数の加減算で起こる現象である．このとき精度が急激に落ちることをいう．たとえば

$$0.314160 \times 10^1 - 0.314159 \times 10^1 = 0.000001 \times 10^1 = 0.100000 \times 10^{-4}$$

精度の値がほぼ同じだと，この減算の結果として，精度の下位の部分の値だけが残り，それが上位（左）へ詰められて（右から 0 が詰められて），実質的に精度のケタ数は落ちる．この現象はあらかじめには防ぎにくい．

3.2 文　字

日本語や英語など自然言語の種類はこの世の中に数千あると言われている．その中には文字をもたない言語も多いが，しかし文字は，人々の間の通信や，歴史の記録のためとして，基本的で重要である．

コンピュータおよび通信において，**文字**（character）は，**文字集合**の規定と，それぞれの文字の表現の規定つまり**コード化**の二つからなる．英語のアルファベット，いわゆるラテン文字が通信において最初に使われだした．文字を分類すると，英字などのアルファベットをなす文字，アラビア数字，@などの特殊記号，また改行などを表す制御文字である．文字は，人間にとって視覚的にわかりやすいし，機械にとってそのまま処理しやすい．さらに，通信上で，送受信するときに，機械やソフトウェアの種類によらないので，間違いが起こりにくく，よく用いられる．

英語圏での表 3.3 の **ASCII** コード規定は，文字の集合としては，英字 26 種の大文字 26 種と小文字 26 種，数字 10 種，特殊文字 32 種，それに制御文字 34 種からなる．制御文字は 2, 3 字の英綴で示される．それぞれの文字の 8 ビットとしての表現も表 3.3 にある通り．規格は ISO-8859-1 で，8 bit の表現である．

SP は space つまり空白（文字）のことで，16 進の 20，10 進の 32 である．数字 0 は 16 進で 30，10 進で 48 で，英小文字 a は 16 進の 61，10 進の 97 である．NL は 16 進の 0A で，newline あるいは LF（linefeed）ともいい，日本語で改行である．CR は 16 進の 0D で，carriage return のことでタイプライタ由来である．制御文字はタイプライタあるいは通信に起源をもつものが多い．

特殊文字はそれぞれが興味深い歴史と使い方をもっている．& は ampersand で，ラテン語の et（英語の and）の e と t を合わせて書いたものである．

ここから日本語文字について調べよう．日本語つまり仮名と漢字には現在，主に 4 種のコードがある．ISO-2022-JP JIS X 0208, shift-JIS, EUC-JP, UTF の四つがよく使われる．UTF の中では UTF-8 が有力である．

文字集合の規格 JIS X 0208 と，後継の JIS X 0213 では，非漢字（ひらがな，カタカナ，他），第一水準漢字，第二水準漢字がある．何回かの改訂を経ている．以上の文字セットの規定とは別に，文字のコード化の方式（規定）がある．文字セットとその符号化とは混同されやすいが，区別すべきである．

表 3.3 ASCII コード

	0	1	2	3	4	5	6	7
00	NUL	SOH	STX	ETX	EOT	ENQ	ACK	BEL
08	BS	HT	NL	VT	NP	CR	SO	SI
10	DLE	DC1	DC2	DC3	DC4	NAK	SYN	ETB
18	CAN	EM	SUB	ESC	FS	GS	RS	US
20	SP	!	"	#	$	%	&	'
28	(	)	*	+	,	-	.	/
30	0	1	2	3	4	5	6	7
38	8	9	:	;	<	=	>	?
40	@	A	B	C	D	E	F	G
48	H	I	J	K	L	M	N	O
50	P	Q	R	S	T	U	V	W
58	X	Y	Z	[	\	]	^	_
60	`	a	b	c	d	e	f	g
68	h	i	j	k	l	m	n	o
70	p	q	r	s	t	u	v	w
78	x	y	z	{	|	}	~	DEL

JIS X 0208 の内容を見ると，図形文字が 6,879 字である．その中に，

(1) 非漢字 524 字
  (a) 特殊文字 147 字
  (b) 数字
  (c) ラテン文字
  (d) 平仮名，片仮名
  (e) ギリシア文字，キリル文字
  (f) 罫線素片

(2) 漢字 6,355 字
  (a) 第一水準 2,965 字
  (b) 第二水準 3,390 字

shift_JIS

shift_JIS は Microsoft 社の OS である Windows で多く使われている．エスケープシーケンスなしで，1 バイト文字（ASCII や半角カナ）と 2 バイトの

漢字の混在を目指した．エスケープシーケンスとは，3バイトで，2バイト文字の列と1バイト文字の列との切り替えを表す．コード領域の割り当てがやや複雑なため，文字の変換などの扱いのアルゴリズムもやや複雑である．

EUC-JP

EUC-JP（日本語 EUC：Extended UNIX Code Packed Format for Japanese）は Unix や Linux に用いられる日本語のためのコードで，文字は2バイト表現で，第一水準漢字2,965字を含めて計6,879字である．

Unicode

Unicode は世界の多くの自然言語にわたる文字集合とそのコードの規格である．古代文字や音声記号など特殊な文字も含んでいる．ユニコードコンソーシアムは1980年代に発足し，1993年に規格ISO/IEC 10646となった．2017年において Unicode 10.0.0 である．Unix, Windows, MacOSX, Java などで使用されていて，Unicode は今後の主流になると思われる．Unicode では，各文字を表す符号位置 code point として16進整数値が U+abcd という形の，4, 5, 6ケタで示される．文字符号化としては，UTF-8 が可変長1から4バイト，ASCII に対して上位互換である．他に UTF-16, UTF-32 などがある．

JIS

日本の文字については JIS X 0208, JIS X 0213（JIS 第2，第3水準）と対応する．

(1) Hiragana U+3040-309F
(2) Katakana U+30A0-30FF
(3) CJK 統合文字 U+4E00-9FFF

以上4種の日本語コードを比較するために例として，「東京」という漢字2文字の列の16進表現を表3.4に示す．

補足 文字からなるファイルにおいて，行末（改行）を表す文字はオペレーティングシステムごとに異なる．Unix と Mac OS-X では文字 LF（line feed）つまり1バイトで16進数表現の0A（10進数の10）である．一方，Microsoft 社の Windows では2バイトで CR（carriage return）と LF つまり16進数表現の0D0A である．こ

表 3.4 漢字コードの例

日本語コード	16 進	サイズ
JIS コード	1B2442456C357E1B2842	10 バイト
shift-JIS コード	938C8B9E	4 バイト
EUC-JP コード	C5ECB5FE	4 バイト
UTF-8 コード	E69DB1E4BAAC	6 バイト

の表 3.5 のような知識はテキストファイルのコード変換に付随して実用上，案外に重要で，知っていた方がよい．

コンピュータにおいても，通信やウェブにおいても，コードは基本ソフトウェアやアプリケーションごとに規定されている．電子メールは本来は JIS コードであるが，最近は Unicode もよく用いられる．ウェブにおいても，ブラウザにコードの自動判別の機能がありウェブページを記述する側にとって便利だが，やはりページに使用コードを指定しておくほうが望ましい．

表 3.5 改行コード

プラットフォーム	改行	16 進表現
Unix	NL	0A
Mac OS-X	NL	0A
Windows	CR NL	0D0A

3.3 色

光の色（color）は視覚刺激が人間の眼の水晶体や網膜を通して大脳に達して，視覚として知覚されるものの一つである．光は電磁波であるが，人間が感知できる可視光の波長の範囲は 380 nm から 780 nm である．色は，波長でいうと，青 450-495 nm，緑 495-570 nm，黄色 570-590 nm，赤 620-750 nm である．人間には，網膜にある視細胞の主に眼底付近にある錐体に 3 種類あり，それぞれによる赤（red），緑（green），青（blue）の細胞によって感受された光の量の違いで色がわかる．

コンピュータやインターネットの世界では，色は光の三原色 RGB の比率で一つの色を表すことが多い．RGB とは Red（赤），Green（緑），Blue（青）であり，人間の視覚細胞の色覚に関しての種類に対応している．各種の色を表示するシステムを表色系（color system）といい，三原色を基にした表色系を**RGB表色系**という．RGB表色系では波長を，赤700 nm，緑546.1 nm，青435.8 nmとしている．

赤と緑を合わせるとイエロー，赤と青はマゼンタ，緑と青はシアンであり，赤，緑，青を混色すると白である（図3.2）．また表3.6は，RGBそれぞれの割合を8ビットで表した場合の例である．

RGBA表色系はRGBに透明度（opacity）としてA（Alpha）を追加したもので，たとえばガラスの透過と反射を表現できる．

他に減法混色系としてYMCがあり（yellow, magenta, cyan），プリンタに用いる．これら以外にも，XYZ系，HSV系（Hは色相，Sは彩度，Vは明度），L*a*b*系があり，それぞれに得失がある．

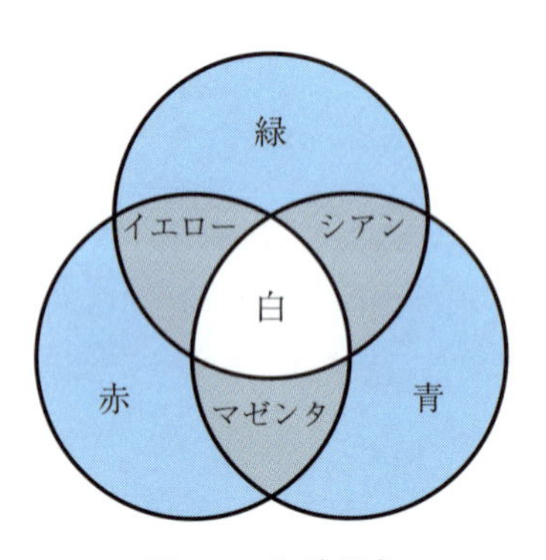

図3.2　加法混色

表3.6　RGBの例

	黒	赤	緑	青	黄	マゼンタ	シアン	白
R	0	255	0	0	255	255	0	255
G	0	0	255	0	255	0	255	255
B	0	0	0	255	0	255	255	255

3.4 コーデック

マルチメディア（multimedia），つまり画像，音声，映像の表現方式の種類は実に多い．これらはその用途，特徴，歴史が異なり，使うときはそのことを理解して使い分けることが望ましい．用途としてコンピュータ処理に向いたもの，通信に向いたもの，ウェブブラウザに向いたものなどがある．紙への印刷や映画の実写などは，人間の生理的な機能に適していることが望ましい．

コーデック（codec）とは，データの符号化と復号をできるような，装置やソフトウェア，あるいはアルゴリズムのことである．codec は coder/decoder の略である．最初は電気通信の分野で，アナログディジタル変換などを意味する用語だったが，近年はコンピュータやインターネットにおいて，単なる符号化と復号だけでなく，データを圧縮・伸長すること，およびその方法や方式の意味がある．これ以外に，異なるデータ形式間の変換や，データの暗号化・復号も，コーデックに近い概念である．

データ圧縮には，1.5 節で述べたように，元のデータに完全に復元できるという**可逆圧縮**（lossless compression）と，元のデータに復元できない代わりに高い圧縮率を実現する**非可逆圧縮**（lossy compression）という区別がある．

静止画像，音声，映像（ビデオ）などの電子的なマルチメディアデータ形式は，コンピュータやインターネット以前から存在し，コンピュータや通信の発達によってさらに多様化した．これらのデータ形式ごとに，その利用基準としてつぎのものがある．

(1) 品質
(2) 圧縮率
(3) 圧縮の可逆性
(4) 変換効率
(5) フリー／有料，特許を利用しているか
(6) ツール・機器の普及率，使いやすさ

ツール・機器とは，データの表現の再生や変換のためのもので，これら自体の品質やコストも，表現が複雑なものであるほど高価である．データがあっても，再生機器がなくてデータが無用の長物となることはよくある．さらに音楽・映像においては，ストリーミングへの対応の有無がある．

3.5　画　像

画像のファイルフォーマットは，文字ファイルなどと比べても数多くの種類があり，それぞれに特徴，適用分野や歴史に違いがある．また音声ファイル（3.6節）の場合と同じく，非圧縮，非可逆圧縮，可逆圧縮の区別がある．

また画像の場合，最初の重要な区別として，ベクター画像とラスタ画像がある．**ベクター画像**とは，画面中の点や線分，円などを構成部品とした図形を，その代表する点の座標で表すものである．表現のときのデータサイズが小さくてすむ．

ラスタ画像とは，画像を，それを構成するピクセルの集まりとして表現するものである．**ビットマップ画像**ともいう．ラスタ画像とベクター画像の両方式を兼ねた実際の表現法もある．BMP あるいは Windows bitmap は Microsoft 社のオペレーティングシステム Windows のための，非圧縮フォーマットである．

RAW 画像（Raw image format）は，ディジタルカメラやイメージスキャナなどから生の形で得られる画像データである．CCD などのイメージセンサによって得られたそのままの画像である．従って，カメラメーカーや機種ごとに形式は異なり，扱うソフトウェアも異なる．一般にサイズは大きくなるが，画像の加工・劣化がない．

画像圧縮のコーデックとしては，GIF, JPEG, PNG, WebP などがある．写真に適したラスタ形式の画像データの圧縮方式の一つとして JPEG がある．**JPEG** とは国際標準化機構 ISO の Joint Photographic Experts Group のことである．圧縮率は1/10～1/100程度である．JPEG は，コンピュータでよく扱われる，静止画像を圧縮する方式，あるいはその技術を開発した組織のことである．一般に非可逆圧縮の技術として知られていて，ディジタルカメラの記録方式としてよく用いられる．圧縮にはハフマン符号（Huffman coding）が用いられている．

JPEG の後継として JPEG 2000 がある．これは，JPEG と同様に，空間領域から周波数領域へ変換するが，その際に離散コサイン変換でなく離散ウェーブレット変換を用いる．しかし変換に計算コストがかかるとされる．可逆変換も非可逆変換も可能である．

画像フォーマット TIFF（Tagged Image File Format）は，ビットマップ画像の符号化形式の一種である．タグによって様々な形式のビットマップ画像を表現する．圧縮方式も様々な方法が使用される．

PNG（Portable Network Graphics）は World Wide Web Consortium が規定した，それまでの GIF に代わるものとして 1996 年に現れた．ネットワーク通信のためのファイルフォーマットであり，ビットマップ画像である．48 ビットの可逆圧縮で，8 ビットのアルファチャネル（透明化）の指定ができる．16 ビットのグレイスケール，24 ビットあるいは 48 ビットの RGB である．GIF と比べて，半透明の表現，精細な色表現が優る．

PDF（Portable Document Format）はアドビシステムズ社製で，単なる画像のための形式ではなくて，電子文書のためのいわば複合形式として広く普及している．PostScript 言語の後継である．PDF は内部としては，文書（フォントの指定を含む），グラフィクス（ラスタ形式とベクター形式），添付ファイルからなる．1993 年に現れたツール Adobe Acrobat で操作できる．表示や印刷だけならばフリーの Adobe Reader で可能である．PDF は単なる文書以上に多くの機能が追加されている．セキュリティの設定，リンク，コメント，入力フォームなどである．またコードとして JavaScript プログラムを含むことも可能である．現在，電子ドキュメントの公開や通信，保存用として，標準的な位置を占めている．

3.6 音　声

音声ファイルフォーマットは，非圧縮音声，非可逆音声圧縮，可逆音声圧縮の三つに分類できる．

音声のディジタルデータ化とは，音声の波形に対して，音量を量子化し，そして一定の時間間隔でサンプリングしたものである．これをPCM（pulse code modulation）という．例として，CD-DAつまり音楽CDでは，量子化ビット数16 bit，サンプリング周波数44.1 kHzで，2chステレオである．

これにそのまま対応するファイルの**非圧縮音声**の方式として，Microsoft社のWindowsオペレーティングシステムの**WAV**がある．これはコンピュータ上で音声によく用いられる．

圧縮音声では，**非可逆音声圧縮**の方式は，人間が聴こえない周波数領域を省くなどしてデータを圧縮する．かなり圧縮できるが，復元した際の音質は多少は落ちる．音声圧縮のコーデックとして，**MP3**が音楽のダウンロード用，携帯音楽プレイヤ用によく用いられる．これは非可逆音声圧縮で，圧縮率はかなり高い．MP3はMPEG-1 Audio Layer-3のことで，MPEGはMoving Picture Experts Groupである．ビデオ映像の圧縮規格であるMPEG-1のオーディオ部分の規格として開発された．ただし話し声には適していないとされる．

音楽用規格としては後発に**AAC**がある．これは高圧縮，高音質である．サンプリング周波数最大96 kHz，量子化ビット数24 bitである．他にLPCM,Vorbis,MPEG-4などがある．

可逆音声圧縮の方式も多くある．元通りに復元可能であり，音質は保たれるが，圧縮の程度は小さく，半分程度のことが多い．TAC,FLAC,MPEG-4 ALSなどである．

音声データ形式の分類としては，圧縮や可逆性以外にも，オープンか，フリーかの区別も使用の際の留意点である．

3.7 映　像

映像 (動画ともいう) の圧縮では, DVD に用いられる **MPEG-2** がある．これは 1995 年に Moving Picture Experts Group によって決められた標準規格で, 正式名称は Generic coding of moving pictures and associated audio information である．つまり映像とそれに付随する音声を合わせたコーデックである．

MPEG-4 または MP4（ISO/IEC 14496-1, 2004 年）は, 映像圧縮符号化の標準規格であり, 映像や音声全般のマルチメディアデータの規格である．映像と音声の統合つまり多重化を提供する．

WMV（Windows Media Video）は MPEG-4 を基に Microsoft 社が開発した映像形式であり, ネットワーク配信のために設計されている．オーディオコーデックの WMA（Windows Media Audio）との組合せとして用いられる．

H.264（2003 年）は, 名称は MPEG-4 AVC と同じで, 映像圧縮規格の一つである．従来規格の MPEG-1, MPEG-2 と比べて圧縮効率がよく, 実装も容易とされている．映像共有サービスなどで広く利用されている．後継が H.265 で, これは HEVC とも呼ばれる．

WebM は Google 社が開発している, ウェブ向け映像コンテナフォーマットである．ビデオコーデックに VP8 あるいは VP9, 音声コーデックに Vorbis, メディアコンテナは Matroska のサブセットである．

第 3 章の章末問題

3.1 整数 −15 の, 32 ビットの 2 の補数表現を示しなさい．

3.2 電子メールに添付される画像ファイルなどの, 種々の形式のファイルは, Base64 という方式で文字列ファイルに変換している．これはどのようなコーディングであるか調べなさい．

3.3 画像を一つ作成し, 変換ツールを使用して種々のデータ形式を作成して, そのサイズや可逆性を比較しなさい．判断基準として, 品質の変化, ツールの使いやすさなどである．

3.4 音声の二つ以上のコンピュータ表現形式のサイズを比較しなさい．いくつかの例で行って平均をとること．またそれらの音質を比較しなさい．

3.5 各ファイル形式について, サンプリングと標本化の変換の具体的な程度を調べなさい．

第4章 アルゴリズム

アルゴリズムとは手順である．特定の問題や処理に対して，それを解決するための手順であり，主にコンピュータが実行する手順を記述したものである．

アルゴリズムを扱うとき重要なのは，

(1) その手順だけでなく，

(2) 手順を構成する基本操作が何であるか，

(3) どれだけ処理時間がかかるか（計算量），そして

(4) アルゴリズムを記述するための方法あるいは言語

である．この世の中の様々な問題に対する，よいアルゴリズムやアルゴリズムの原理をたくさん知り，アルゴリズムそれぞれの特徴・得失を習得することは，コンピュータ科学の中でもっとも重要な分野の一つである．

アルゴリズムはコンピュータのハードウェアとソフトウェアの実装から独立した抽象的な概念であるので，これらより先にここでまとめて扱う．主に実用的なアルゴリズムを例として扱う．線形計算，ソート，表探索などの基礎的なアルゴリズムと，それらの基本的な概念，特に計算量の概念である．

最後の 4.10 節ではアルゴリズムの理論的な枠組みとして有名なチューリング機械を紹介する．

4.1 アルゴリズムとは

アルゴリズム（algorithm）とは，ある具体的な問題を解決するための手順のことである．特に，コンピュータ上で実行する手順のことをいう．一つの問題に対して，答えを求める手順つまりアルゴリズムは，一つとは限らず複数あり，互いに異なる特性をもつ．ある状況において，一つの問題に対する複数のアルゴリズムからどれを選択するかの基準としては，基本操作の範囲，計算量の多寡，結果の正確度や誤差の程度などがある．人間あるいはコンピュータにとってのアルゴリズム記述のわかりやすさも，理解や修正・改良のしやすさなどから，意外に重要である．

アルゴリズムの正しさ

アルゴリズムはもちろん正しいものでなければならない．間違った答えを出すアルゴリズムは誤りである．では正しいアルゴリズムとは何だろうか．

まず第一に，正しいアルゴリズムは正しい結果を与えるものである．つまりアルゴリズムの対象とする課題に対して，結果が解答を与えている．解答が複数あるときはそのうちの少なくとも一つを与えている．

しかし正しさをいうためには，どのような解答が正しいかという条件があらかじめ与えられている必要がある．たとえば，2次方程式 $2x^2 + x - 1 = 0$ の解は，条件として「この等式を満たす数」であり，解は -1 と $\frac{1}{2}$ である．しかし条件が「この等式を満たす，0より大きい数」ならば，$x = -1$ は解答ではない．

アルゴリズムは，その厳密な定義としては，計算や処理が停止することを必要としている．停止したときに出力する値がアルゴリズムの結果である．つまりいつまでも停止しない計算はアルゴリズムではない．しかし，停止しない計算が役に立たないわけではない．いわゆるオンラインアルゴリズムがそうで，社会において実際的な仕事をしているコンピュータの多くは動作をし続けているだろう．

計算や処理は厳密な意味でのアルゴリズムでなくてもよい．コンピュータでの数値計算はつねに誤差を伴う．近似アルゴリズム（approximation algorithm）がそうである．また確率的アルゴリズム（probabilistic algorithm）と称するものはアルゴリズムの一部に確率変数を含み，解も確率的である．同様に乱択アルゴリズム（randomized algorithm）はアルゴリズムに擬似乱数を含み，結果は高い確率で解を得ようとするものである．これらも広い意味で正しいアルゴリズムであるといえる．

アルゴリズムの基本操作

アルゴリズムの手順は，基本となるいくつかの操作の，実行順序を指定することで記述する．従って，アルゴリズムを考案し記述するということは，基本操作の集合を規定することと，それらの実行の順序を組み合わせることの二つからなる．問題ごとに，そして手順ごとに，基本操作と組み合わせ方法とを決めることになる．大事なことは，基本操作も，その組み合わせ方も，（ある意味で）有限な，明確なものでなければならないということ．最終的な答えにたどり着くだけでなく，途中の経過も具体的で明確なものでなければならない．

基本操作は，データの種類および問題によって，そして手順を実行する機械あるいはプログラムによって定まる．たとえば次節の線形計算のような数値データの計算には，四則の演算や数の大小比較が基本操作である．そのような操作をそのまま実現する機械命令が存在することが望ましく，多くの場合は暗黙のうちに想定されている．このことはハードウェアだけでなくプログラムにおいても同じである．

アルゴリズムの実行をどのように遂行するかをコンピュータに則して考えると，つぎのような場合あるいはレベルがある．

(1) ハードウェア（回路）
(2) 機械命令
(3) システムレベル
(4) 通信を含んで実行
(5) これらの複数レベルを含んだ実行

これらレベルごとの基本操作が考えられる．

アルゴリズムの種類

アルゴリズムには応用分野としてどのような種類があるのだろうか．コンピュータの基本的な操作にあたるものとして，ソート，データ構造の操作のアルゴリズム，特に探索，木とハッシュ法による探索がある．より複雑なデータの探索として，文字列の探索，パターンマッチがある．また重要なデータ型であるグラフの諸アルゴリズムなどがある．これらは特定の応用分野に属するというよりも，コンピュータの利用において基本的に使用されるものである．

アルゴリズムの記述

アルゴリズムを記述するには何らかの言語を用いる．この言語は人間も機械も用いるということが重要である．日本語，特別の記述言語，数学に近い言語，またはプログラミング言語を用いることができる．次の節では，日本語と，プログラミング言語Cを抽象化した記述を用いる（C言語については7章で扱う）．

アルゴリズムの実装

アルゴリズムは，コンピュータで実行される際は，結局は機械語（5.3節）の形に翻訳された上で実行される．アルゴリズムはユーザが自作するとは限らず，コンピュータシステムに既に用意されていることも多い．そのようなときは，プログラムから呼び出す形式のサブルーチン（のライブラリ），パッケージ．あるいは卓上電子コンピュータ（電卓）のような形で使う，機能を便利に呼び出せる会話型システムなどがある．

4.2 線 形 計 算

アルゴリズムの最初の例として，歴史のある数値計算の分野から，線形計算のうちでも基本的な，連立1次方程式の**消去法**による解法を考える．計算量を調べるわかりやすい例でもある．n 元連立1次方程式とは，

$$
\begin{aligned}
&a_{11}x_1 + a_{12}x_2 + \cdots + a_{1n}x_n = b_1 \\
&a_{21}x_1 + a_{22}x_2 + \cdots + a_{2n}x_n = b_2 \\
&\cdots \\
&a_{n1}x_1 + a_{n2}x_2 + \cdots + a_{nn}x_n = b_n
\end{aligned}
$$

という n 個の連立の方程式の解を求めるものである．ここで $a_{ij}, b_i, 1 \le i, j \le n$ は実数である．この方程式を行列とベクトルを使って書くと，

$$A\boldsymbol{x} = \boldsymbol{b}$$

ここで，

$$A = \begin{pmatrix} a_{11} & a_{12} & \cdots & a_{1n} \\ a_{21} & a_{22} & \cdots & a_{2n} \\ & \cdots & \cdots & \\ a_{n1} & a_{n2} & \cdots & a_{nn} \end{pmatrix}, \quad \boldsymbol{x} = \begin{pmatrix} x_1 \\ x_2 \\ \vdots \\ x_n \end{pmatrix}, \quad \boldsymbol{b} = \begin{pmatrix} b_1 \\ b_2 \\ \vdots \\ b_n \end{pmatrix}$$

高等学校で学ぶ連立1次方程式の解法では，左辺の変数を消去していくことで全体を変形し簡単化していく．ある式のある変数を軸としての消去する手順は，(1) 両辺を割ってその変数の係数を1にする．(2) その式を他式から差し引くことで，その変数を他式から消去する．以上の操作を別の式と変数とで繰り返す．すると最後に右辺に解が得られる．行列の変形操作としては，行を定数

$$2x - 3y + 5z = 17$$
$$5x + 2y - z = 10$$
$$3x + y + 2z = 9$$

$$\begin{pmatrix} 2 & -3 & 5 & 17 \\ 5 & 2 & -1 & 10 \\ 3 & 1 & 2 & 9 \end{pmatrix} \to \begin{pmatrix} 1 & \frac{-3}{2} & \frac{5}{2} & \frac{17}{2} \\ 0 & \frac{19}{2} & \frac{-27}{2} & \frac{-65}{2} \\ 0 & \frac{11}{2} & \frac{-11}{2} & \frac{-33}{2} \end{pmatrix}$$

$$\to \begin{pmatrix} 1 & 0 & \frac{7}{19} & \frac{64}{19} \\ 0 & 1 & \frac{-27}{19} & \frac{-65}{19} \\ 0 & 0 & \frac{-44}{19} & \frac{-44}{19} \end{pmatrix} \to \begin{pmatrix} 1 & 0 & 0 & 3 \\ 0 & 1 & 0 & -2 \\ 0 & 0 & 1 & 1 \end{pmatrix}$$

図 4.1　消去法の計算の進行例

倍することと，その行の定数倍を他の行から差し引くことである．

計算は図 4.1 に示すように進行する．この例では方程式としてはつぎのようである．

この計算から解は，$x = 3, y = -2, z = 1$ と簡単な値であるが，計算の途中で複雑な値が現れていることがわかる．つまり浮動小数点数で計算すると丸め誤差が累積し，このようなことは数値計算ではよく起こることで注意が必要とされている．

アルゴリズムとしては図 4.2 のようになる．各ステップにおいて，要素の結

```
for k ← 1 to n
  for j ← 1 to n
    a_kj ← a_kj / a_kk
  end
  b_k ← b_k / a_kk
  for i ← 1 to n, i ≠ k
    for j ← i + 1 to n
      a_ij ← a_ij − a_ik × a_kj
    end
    b_i ← b_i − a_ik × b_k
  end
end
```

図 4.2　連立線形方程式：掃出し法

果の値が0あるいは1に確定している場合は計算を行わないことに注意．なお途中で対角成分が0のときは行を適当に入れ替えないといけないが，ここでは省略している．

このアルゴリズムにかかる時間はどれ位だろうか．それは問題のサイズを表す方程式の変数の数nや，アルゴリズムを実行するコンピュータの性能に当然依存する．しかしおよその計算時間としては，この場合は乗除算の回数を数えるのがよいが，それは$\frac{n^3}{2}$である．従って，このアルゴリズムは，nが数千以上の相当に大きいとき，およそn^3に比例して計算時間がかかることがわかる．このことをO記法というものを用いて$O(n^3)$と書く（O記法については4.6節）．

4.3 挿入ソート，クイックソート，ラディクスソート

つぎにソート（整列）を行うアルゴリズムの代表例を三つ示す．コンピュータの得意な仕事は大量のデータに対する単純な処理であり，ソートやサーチはその典型例である．

挿入ソート

ソート（sort）つまりデータを大小順に並べ換える整列操作は，情報処理において基本的に重要なので，ラディクスソートやクイックソートをはじめとして，多くの優れた高速アルゴリズムが考案されている．ここでは簡単ですぐに思いつきそうな，しかも実用的な，**挿入ソート**を紹介する．

準備として，プログラミング言語でいう**配列**（array）とは，同じ型のデータが一列に並んだもので，各要素は0からnまでの整数値で指定できるというものである．配列名をaとすると，各要素の値は$a[1], a[i]$のように指定できる．

```
for i ← 2 to n do
  q ← a[i],     j ← i
  while a[j − 1] > q do
    a[j] ← a[j − 1],     j ← j − 1
  end
  a[j] ← q
end
```

図 4.3 挿入ソートアルゴリズム

(コンピュータの主メモリもアドレスを添字としてこの形である.)

挿入ソートアルゴリズムは，トランプカードゲームや麻雀での手札を順に揃えるときに近い方法である．整列すべき入力データを入れた配列 a を用意する．ただしこの配列 a の先頭の要素 $a[0]$ には，アルゴリズムの便宜上，そのコンピュータで表現できるもっとも小さな数 $-\infty$（絶対値のもっとも大きな負数，たとえば -2^{31}）を入れておく．

アルゴリズムの本体では，配列 a の前方部分の $a[1]$ から $a[i-1]$ がすでにソートされていて，そこへ $a[i]$ の値を正しい位置へ上手に挿入するということを，i の値を増やしながら行う（図 **4.3**）．

挿入ソートの計算量を測ってみる．二重のループの，内側のループが繰り返される回数を測る．

$$1 + 2 + \cdots + (n-1) = \frac{1}{2}n(n-1)$$

ここで n は入力データの大きさを示していて，ソートの場合はデータの個数であるが，コンピュータにこのアルゴリズムで仕事をさせるからには，n はかなり大きいとしてよい．そのようなときには，計算量はそれを表す式のもっとも高次のところだけが大事なので，上式を $O(n^2)$ と表す．これの意味は，n が大きくなると漸近的に n^2 で上から抑えられるということで，O 記法である．

状況に応じてアルゴリズムを選ぶ．たとえばソートにおいて，挿入ソートは理解しやすく，効率は単純なアルゴリズムの割にはわるくない．特に，すでにかなりソートされているデータに対しては，内側のループがあまり実行されないので，効率は $O(n)$ でとてもよい．ただし一般のランダムなデータに対して，データ量が大きいときは，もっと効率のよい，たとえばラディクスソートやクイックソートを用いる．クイックソートの平均計算量は $O(n \log n)$ である．

入力データに対してもっとも手間のかかるときの計算量のことを**最悪計算量**（worst case computational complexity）という．たとえば挿入ソートでは，もし入力データがすでにソートされていたなら，計算量は $O(n)$ であるが，挿入ソートの最悪計算量は $O(n^2)$ である（どのような入力データのときか）．

クイックソート

次に，図 **4.4** に**クイックソート**（quicksort）**アルゴリズム**を示す．これは区間を図 **4.5** に図示したような分割の操作によって，比較して小さな数の連続する

```
    quick(left, right)
  s ← (left + right)/2
  p ← a[s]
  i ← left, j ← right
  while i ≤ j
    while a[i] < p
      i ← i + 1
    end
    while p < a[j]
      j ← j − 1
    end
    if i ≤ j
      t ← a[i], a[i] ← a[j], a[j] ← t
      i ← i + 1, j ← j − 1
    end
  end
  if left < j
    quick(left, j)
  end
  if i < right
    quick(i, right)
  end
```

図 **4.4** クイックソートアルゴリズム

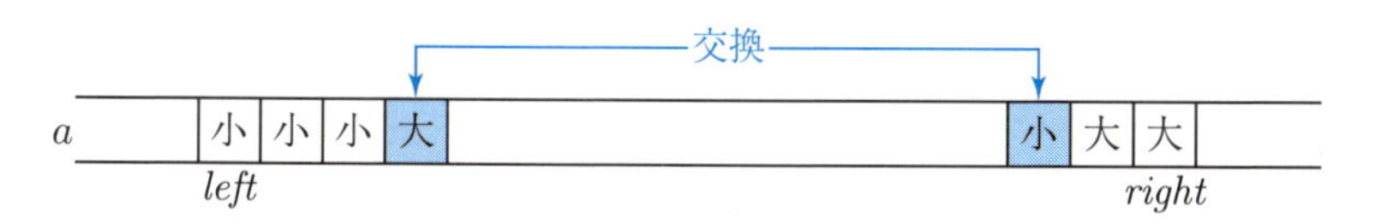

図 **4.5** 分割の操作

部分と大きな数の連続する部分に二分する．得られたこれら 2 区間のそれぞれに対して同様の操作を再帰的に行うことによってソートを遂行するものである．

ラディクスソート

ソートアルゴリズムはその他にもラディクスソート，ヒープソートなど数多く発明されている．**ラディクスソート**（radix sort）は，データをその構成部分のビットやバイト単位で，ソートを進めていくものである．具体的には数値データを下位バイトから順に，該当バイトの値が0から127の値まで分類して分ける．その順序を保ったまま（これが肝心），次の位のバイトによって分類を進行させる．昔，紙パンチカードにおいて，穴の部分をクシで刺して分類していった方法と原理は似ている．

ここではアルゴリズム中で整数の中でビットとしての扱いを用いるので，C言語でのプログラムをあえて用いる（図4.6）．特に関数 `bits(x, k, j)` は，正整数 `x` の，（右端を0ビット目として）`k` ビット目から `j` ビット個を取り出すものとする．

```
#define nmax 100000
int b[nmax+1];
void radixsort(int a[], int n)    /* radix = 256 */
{
    int pass, order[256], i, j;
    for (pass = 0; pass < 4; pass++) {
        for (j = 0; j < 256; j++) order[j] = 0;
        for (i = 1; i <= n; i++)
            order[bits(a[i], pass*8, 8)]++;
        for (j = 1; j < 256; j++)
            order[j] = order[j-1] + order[j];
        for (i = n; i >= 1; i--)
            b[order[bits(a[i], pass*8, 8)]--] = a[i];
        for (i = 1; i <= n; i++) a[i] = b[i];
    }
}
```

図4.6 ラディクスソート

これらは計算量としては，$O(n)$ から $O(n^2)$ の間で，コンピュータの主メモリ上で動作するという意味で，**内部ソート**（internal sort）と呼ばれる．これに対して，外部メモリであるディスクや磁気テープをも用いたソートを**外部ソート**（external sort）という．いずれにしてもソートアルゴリズムは，コンピュータシステムにおいて，大量データを整理するという意味で基本的な操作なので，ライブラリやシステム操作として用意されていて，一般ユーザがプログラムを自作し使用することはあまりない．

4.4 データ構造

現在のコンピュータのハードウェアつまりプロセッサと主メモリにおいて，そのまま自然に実現されているような，基本となるデータは，つぎのものである．カッコ内はそのデータの現在標準的なサイズである．

(1) ビット列（4バイト）
(2) 文字（1,2,4バイト）
(3) 整数（4バイト）
(4) 浮動小数点数（8バイト）
(5) 主メモリのアドレス値，プログラミング言語でいうポインタ（4,8バイト）
(6) 以上を要素とする配列

これだけであり，意外に限られている．配列（とアドレス）以外の上記データを**基本データ**という．ここで大事なことは，これらのデータはどれも，データだけを見るならば，すべてビット列だということで，型の区別は，これらのデータに対する操作や演算（機械命令）の区別だということである．同一のビット列が，加算機械命令の対象となるときは整数（あるいは浮動小数点数）を表現しており，別の場合には同一のデータがポインタを表すことも可能である．

これら以外の複雑なデータは，基本データを組み合わせることで表現される．たとえばマルチメディアと称される画像や映像は，ある特定の形式のかなり大きなビットパターンとして実現される．

プログラムやデータベースにおいては複雑な構造のデータを必要とする．データの集まりであるレコードや表，線形リスト，木，グラフなどである．これらを**データ構造**（data structure）という．線形リスト，木，グラフは要素となるデータを矢印でつないだもので，これら3種の違いは全体の形の違いである（図4.7）．矢印は実際のプログラムではポインタで実現される．このため形の柔軟な変更が容易である．

スタック（stack）とは一列の要素からなるデータであるが，そこへの一つの要素の出し入れは，列の一方の端からのみ行われるものである．また**キュー**（queue）は，列の一方の端から入り，他方の端から出る（図4.8）．

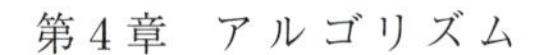

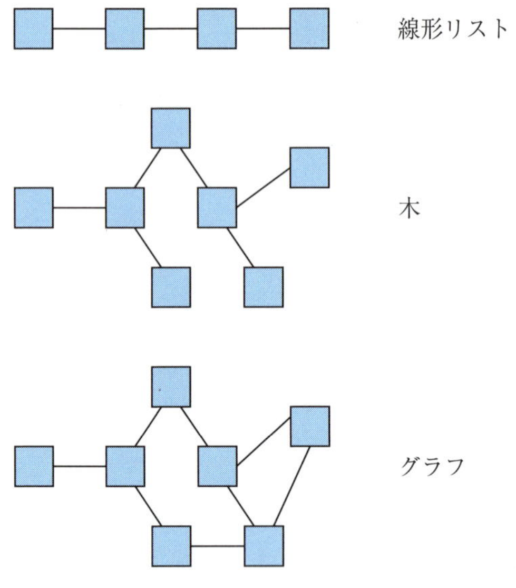

図 4.7　線形リスト，木，グラフ

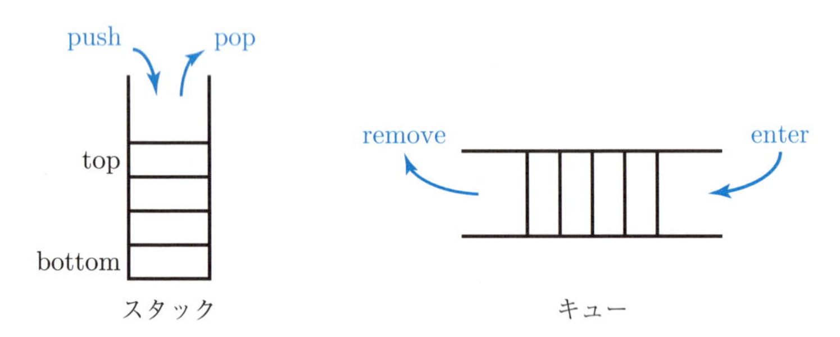

図 4.8　スタック，キュー

4.5　表の二分探索

データ構造におけるアルゴリズムの簡単な例として，表探索の問題におけるよいアルゴリズムを一つ紹介する．**表探索**（table search）とは，たくさんのデータが一列に並んだ表の中から，特定の値をもつデータを探し出すことである．ソートと同じく，大量のデータに対して，実際に始終現れるコンピュータが得意とする課題である．

表探索でいう表とは，ここでは，項目が1次元に順に並んだもので，各項目は配列の**添字**（index）と呼ばれる，$0, 1, 2$ などの非負整数値で参照されるものとする．探索に用いる**キー**（key）となる項目の内容は，文字列あるいは整数のデータで，互いの間に大小の順序を比較できることができるものとする．

このような表に対する項目の探索の単純な方法は表の先頭から順に一つずつ探していくもので，これを**線形探索**（sequential search, linear search）という．

つぎのプログラムは**二分探索**（binary search）と呼ばれるもので，表の全体を半分ずつに割りながら，その片方だけを探していくものである．前提として，表の中にある値がはじめから，添字の順に大きい方向に並んでいるということが肝要である（図 **4.9**）．

```
p ← 0, q ← n − 1
while p ≤ q do
  m ← (p + q)/2
  if x < v[m]
    q ← m − 1
  else if x > v[m]
    p ← m + 1
  else
    return "Found", m
  end
end
return "Unfound"
```

図 **4.9** 表の二分探索アルゴリズム

二分探索のアルゴリズムはつぎのようである．大きさ n の表の配列 a に，入力データとして値が入っていて，それらは大きさの順に並んでいる．ここでは簡単のため値の重複はないものとする．つまりすべての $0 \leq i < n-1$ に対して $a[i] < a[i+1]$．アルゴリズムの目的は，与えられた値 x に対して，x と同じ値を内容としてもつ配列の要素 $a[k]$ を見つけることで，見つからないときはそのように返事する．

手順はつぎのとおり．(1) 配列の中央にある要素と x とを比較する．(2) もし同じ値だったときは見つかった，万歳！と返事する．(3) x の方が小さいときは，配列の前半分にあるはずだから，前半部分に対して同じ方法で探しにいく．(4) x が大きいときは後半部分へ探しにいく．(5) 探す区間の幅が 1 以下で見つからないときはその区間への探索は終了である．

このアルゴリズムは一見わかりやすいようだが，最後の段階が見かけほど簡単ではない．ループから抜ける最後の判定のときに，いろいろな異なる場合があり，どの場合でもこの判定文でうまく動作するのである．一例として，$q = p + 2$ の場合，その次のステップでは $p = q$ となる（図 **4.10**）．それ以外の $q = p + 1$ の場合なども考えてみるとよい．

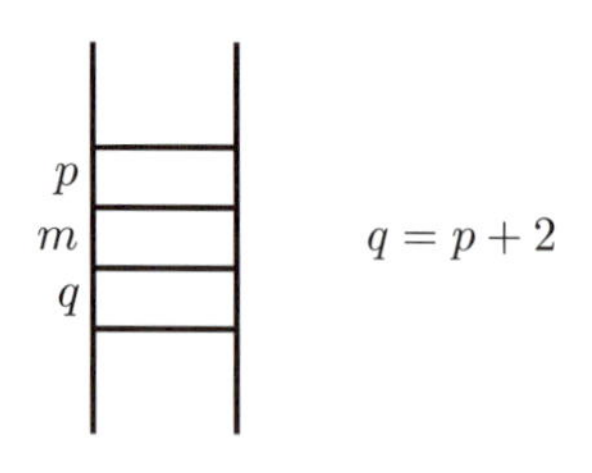

図 **4.10** 二分探索の終りの一局面

このアルゴリズムは速い．つまり計算効率がよい．つぎの節の記法を使うと $O(\log n)$ で，これは計算量が，n が大きくなるにつれて，漸近的に，およそ $\log n$ であるということを表す．ただしこの二分探索のアルゴリズムでは，表の内容をあらかじめ値の大小順にソートしておかねばならないという制限があり，ソートされていない場合は単純な探索法あるいは他の方法を用いることになる．

探索はその対象を全体の形を表としてでなく，そのための工夫として，探索に適したデータ構造の発明へ向かった．具体的には，ハッシュ法と，B 木など各種の木構造である．実際にデータベースはデータの内部表現において，この 2 種のどちらか，場合によっては両方を採用している．

大量のデータからの探索は，コンピュータの得意としてもっとも基本となる機能の一つだから重要である．個々のデータは一般に，単なる数や文字列に限らず，画像や音声など，またこれらが複合されたものがある．また個々のデータが互いに組み合わされ，全体の形として単なる項目でなく，木やグラフのものである．またより複合的な大きな分野だが，**情報検索**（information retrieval）やウェブ探索（11 章）は，2 次メモリやインターネット上の検索である．

4.6 計 算 量

アルゴリズムの良し悪しを測る基準は一つではなく，いくつかある．

(1) 正しい結果を与える．
(2) 実行，計算の効率（速いほどよい）．
(3) 使用するメモリの大きさ（小さいほどよい）．
(4) 構造が簡単で理解しやすいこと（プログラムを作りやすく修正しやすい）．

(1) の解が正しいのは当たり前である．しかし正しいあるいは厳密でなければならないということでなく，近似解でよいことが多い．数値解は元から誤差を含む．

アルゴリズムの実用上もっとも重要なのは，基準 (2) の実行効率である．アルゴリズムの効率をどのように捉えるか．計算時間は実際にかかる時間を測るのも一つの有効な方法であるが，これは使用するハードウェアとソフトウェアに依存する．どの機種にも，どのプログラムにも，どの言語にも，どの時代にも通用する方法として，**計算量**あるいは**計算複雑度**（computational complexity）がある．これは入力データの大きさをパラメータとして固定して，そのアルゴリズムの計算にかかる基本演算の個数を計算量とする．

4.2 節の線形方程式の掃出し法の計算量を測ってみる．3 重の for 文のループ（繰返し）である．繰返しの回数をきちんと考えると，

$$\sum_{k=1}^{n}\sum_{i=1}^{n}(n-i)=\frac{1}{2}n^2(n-1)$$

ここで n は変数および式の数だが，これは入力データの大きさを示していて，コンピュータにこのアルゴリズムで仕事をさせるからには一般に，n はかなり大きいとしてよい．そのようなときには，計算量は，それを表す式のもっとも高次のところが主要部分なので，上式を $O(n^3)$ と表す．これの意味は，n が大きくなると漸近的に n^3 で上から抑えられるということである．この記法を $\boldsymbol{O}$ **記法**（O-notation）という．

計算量は入力データの大きさだけでなく，入力の性質にも依存する．初めからかなりソートされたデータのソートには，挿入ソート法はかなり速い．

計算量を考えるときは，この最悪計算量のことをいうことが多い．しかし実用上は，大きさが同じいろいろな入力データに対する計算量の平均を考える方が妥当なことが多い．これを**平均計算量** (average case computational complexity) という．

計算量は入力データのサイズの関数である．ここでデータのサイズというのは，いま対象としている問題ごとに決めるもので，様々な場合があるし，サイズが2種類以上あってもかまわない．よくあるケースは，入力データの個数である（ソートなど）が，入力データが1個だけの場合のそのデータの文字通りのサイズ（ケタ数，ビット数など）かもしれない．前節の連立1次方程式の場合は変数（方程式）の個数だった．

計算量の O-記法は，漸近的な増加の様子を表している．サイズ n の関数だとして，関数の形が，定数，$\log n$，n の1次式，多項式，指数関数，それ以上 (n^n) などがあるが，n が非常に大きいときは，これらの形の違いは計算時間の大きな違いとなる．

しかし実際の計算時間は，この漸近的な計算量だけで判断するとよくない．同じ計算量 $O(n^2)$ であるとしても，これは $c_1 n^2$ と $c_2 n^2$ のどちらも O-記法では $O(n^2)$ であり，定数 c_1 と c_2 が大きく異なれば，実際の計算時間も大きく異なるかもしれない．つまり O-記法はサイズが大きいときの目処を示すものである．

さらに，計算量は，実際に使用されているハードウェアやソフトウェア，最近では通信速度や通信のバンド幅を考慮に入れていない．アルゴリズムやプログラム，システムを構成する際には，妥当なサイズの入力や使用の仕方に対して，計算量はもちろんなのだが，これらのハードウェア，ソフトウェア，通信方法について，理論的および実際的に考慮して決定すべきである．

基準 (3) のアルゴリズムの使用メモリ量は，最近はあまり気にしないようである．基準 (4) のアルゴリズムの単純さ，あるいは頑丈さ (robustness) は実際にアルゴリズムを使う上で重要である．

4.7 幾何アルゴリズム

平面幾何学において，解を得るのが人間には直観的に簡単だが，コンピュータには案外に難かしく実装を考え込んでしまうという問題がある．たとえばある点が与えられた三角形の内部に入っているかという問題がある．このような問題の解法は幾何アルゴリズムと呼ばれて，コンピュータグラフィクスにおいても用いられる．ここで例とするのは，平面上の多数の点の凸包を求めるアルゴリズムである．

凸多角形とは，各頂点における辺のなす内側の角が180度より小さいような多角形である．問題は n 個の点が平面上に与えられて，これらすべてを含むもっとも小さい凸多角形，つまり点の**凸包**（convex hull）を求めよというものである．

グラハムの方法

おそらくすぐに思いつくアルゴリズムは，一つの点から出発して，左回りに，方向を x 軸方向として，方向を少しずつ左回転しながら，出会う点を選んで，つぎはその点から同じことを行う，ということを繰り返すものである．最初に選ぶ点は凸包の頂点となることが必要だが（内部の点でなくて），それはたとえば y 座標の値が最小のものを選べばよい．

この方法の効率は $O(n^2)$ なのだが，実はもっと効率のよい方法があり，紹介する．グラハム（R. L. Graham, 1972）による発明で有名なものである．先と同じように，出発点 p_1 を固定しておく．その他の点 p を，あらかじめ辺 $\mathrm{p}_1\mathrm{p}$ と x 軸となす角度の大きさの順にソートしておく．この準備の後，ソートの結果の順に点を選んで凸包を作っていく．その様子は図 4.11 のようである．進

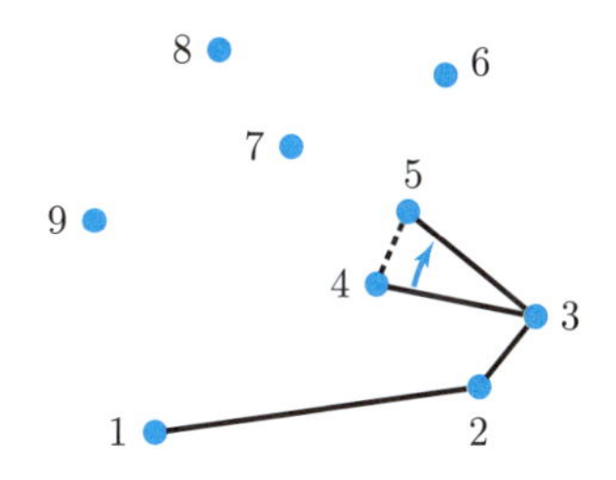

図 4.11　多数の点の凸包：グラハムの方法

行していく際に，左回り（反時計回り）のときはそのままでよいのだが，逆に回るときはすでに選んだ点を捨てる．あらかじめソートしておくことで効率化している（前処理）．

ボロノイ図

幾何アルゴリズムの扱う問題としては，他に有名なものとして**ボロノイ図**（Voronoi diagrams）がある．これは平面上のいくつかの点が与えられて，平面をこれらの点それぞれの勢力範囲に区切るという問題である．ここである一つの点Aの勢力範囲とは，他の与えられた点よりもAがもっとも近いような，平面上の点の集合である．

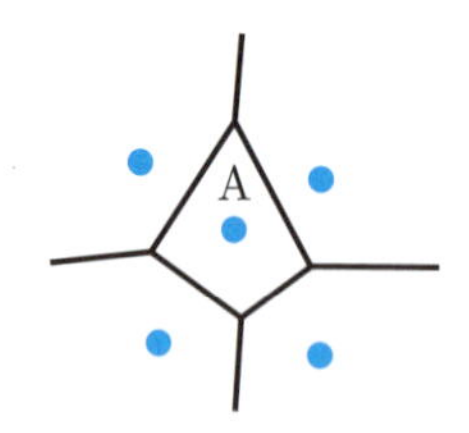

図 4.12 ボロノイ図

4.8 文字列パターン：正規表現

文字列探索（character string search）とは，文書つまり大きな文字列の中で，特定の文字列の位置を探しだし，もし見つからないときはそのことを報告することである．テキストエディタなどで大事な機能である．アルゴリズムとしては単純な方法で十分なことが多いが，実際には文書中の文字列の出現位置に印（インデックス）をあらかじめ付しておくという方法がある．複雑だが計算量の小さいアルゴリズムとしてはボイヤー–ムーア（Boyer-Moore）法がある．

ここではもっと一般的な文字列探索つまりパターン探索についてまとめる．一般に**パターン**（pattern）とは，やや曖昧な語だが，互いに似たデータや概念の集まりや，その中での典型を表す．ここで扱うのは文字列や記号列のパターンで，この場合は正規表現というもので表されるパターンが重要であり便利でもある．コンピュータやインターネット上の文字列データのパターンを検索する際に強力な手段を提供する．

記号あるいは文字の集合を $S = \{s_1, s_2, \ldots, s_n\}$ とする．記号がいくつか並んだものが**記号列**（sequence）（あるいは**文字列**）である．文字列の集合を**パターン**という．ある種の文字列集合を**正規集合**（regular set）という．一つの正規集合を表現するのに，一般に複数の正規表現がある．

アルファベット $A = \{a_1, a_2, \ldots, a_n\}$ の上の**正規表現**（regular expression）r とはつぎのように定義されるものである．

(1) 空列 ε は正規表現である．
(2) 記号 $a \in S$ は正規表現である．
(3) r_1 と r_2 が正規表現のとき r_1r_2 は正規表現である．
(4) r_1 と r_2 が正規表現のとき $r_1 \mid r_2$ は正規表現である．
(5) r が正規表現のとき，r^* は正規表現である．

一つの正規表現は記号列の集まり，すなわちパターンを表し，これを正規集合という．一つのパターン（正規集合）を表す正規表現は一つとは限らない．その対応規則はつぎのとおり．正規表現 r の表す正規集合（パターン）を $\mid r \mid$ で表すと，

(1) $\mid \varepsilon \mid = \{\varepsilon\}$
(2) $a \in S$ に対して $\mid a \mid = \{a\}$
(3) r_1 と r_2 が正規表現のとき $\mid r_1r_2 \mid = \{st \mid s \in \mid r_1 \mid, t \in \mid r_2 \mid\}$
(4) r_1 と r_2 が正規表現のとき $\mid r_1 \mid r_2 \mid = \{s \mid s \in \mid r_1 \mid$ または $s \in \mid r_2 \mid\}$
(5) r が正規表現のとき，$\mid r^* \mid = \{ss \cdots s$ (0 回以上の繰返し) $\mid s \in \mid r \mid\}$

規則 (1) と (2) を出発点として，(3), (4), (5) によってより複雑な正規表現および正規集合を構成していく．実例として，10 進数の正規表現は

数字 ::= 0 | 1 | 2 | 3 | 4 | 5 | 6 | 7 | 8 | 9
符号なし 10 進数 ::= 数字　数字*
符号 ::= + | −
符号つき 10 進数 ::= 符号 符号なし 10 進数

実際には，パターンを表すのに，元の (3), (4), (5) の三つの表現以外に，種々の補助的表現を用いる．たとえば Unix でのファイル名を表すパターンとして，

$abf*.c$ において，*は（正規表現の(5)とは別のもので）任意の文字列（長さ0以上）を表すので，このパターンは，$abf.c$, $abf12.c$ などの（無限個の）文字列からなるパターンである．

ある文字列が，特定の正規表現やそれが表す正規集合に含まれているかどうかを，人間が判定するのは，複雑な正規表現の場合にはやさしくない．しかし**有限状態オートマトン**（finite-state automaton）という数学的な計算モデルがあり，これを使うと判定は容易である．きちんというと，一つの正規表現から，一つの有限状態オートマトンを標準的に（いつも決まった手順で）作ることができて，そのオートマトンは元の正規表現に属する記号列かどうかを正しく判定することができる．図 4.13 は，0と1からなる列で，1の出現回数が3の倍数である正規集合に対するオートマトンである．オートマトンは実行可能なプログラムであるともいえるので，たとえば字句を表す正規表現に対してそれを解析し認識するプログラムを自動的に作成できるということである．

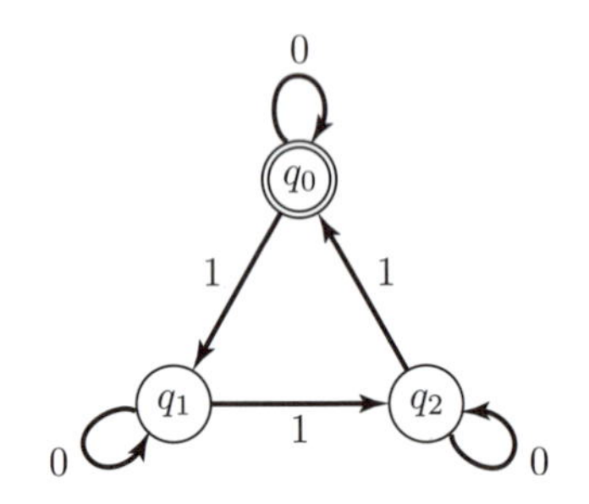

図 4.13　3進カウンタのオートマトン

オートマトンの概念は，ウェブページや携帯電話の画面遷移を表現するのに適している．画面遷移の全体としての設計が拙いと遷移中に迷子になりやすい．

4.9　アルゴリズムの種類

アルゴリズムの一般的な設計方法としては，**動的計画法**（dynamic programming）がある．他に再帰法，途中の値を保存して使うメモリ関数法など．これらはいわゆるプログラミングテクニックに近いともいえる．

アルゴリズムにはどのような種類があるのだろうか．基本的なアルゴリズムは各分野にあるわけだが，それらとは別に，コンピュータアルゴリズムと称する，一段と基本的なアルゴリズムの一団がある．ソート，データ検索，グラフ関連などで，これらはどの分野においてもコンピュータを使用する際に使われる，基礎的なアルゴリズムである．他にも，文字列処理，パターン処理などがある．

列挙してみると，コンピュータの基本的な操作にあたるものとして，

- ソート
- データ構造の操作のアルゴリズム，特に探索
  木とハッシュ法による探索，ディスクなど外部探索
- 文字列の探索，パターンマッチ，構文解析
- データ圧縮，暗号
- 計算幾何
- グラフのアルゴリズム

などがある．これらは特定の応用分野に属するというよりも，コンピュータの利用において共通して使用されるものである．

数値計算を伴うアルゴリズムの分野としては，名称だけをあげると，

- 線形代数および微積分におけるアルゴリズム
- 高速フーリエ変換，線形計画法，動的計画法など
- オペレーションズリサーチ（OR）におけるアルゴリズム
- 統計計算におけるアルゴリズム
- 最適化
- ゲノム
- 画像処理
- コンピュータグラフィクス
- 音声処理
- 信号処理
- ネットワーク

4.10 チューリング機械と計算可能性

チューリング機械が，チューリング（A. M. Turing）によって1936年に考案された．これは計算というものの概念を考えるために考案されたもので，現実のコンピュータが発明される以前である．前節の有限状態オートマトンの一般化ともいえる．もっとも一般的な，抽象的な計算機械のモデルである．

チューリング機械 M は，$M = (S, I, Q, \delta, q_0)$ と表されるもので，図4.14のように制御部分と無限長のテープ，テープ上のヘッドからなる．制御部分は一つの状態をもつ．S は内部状態というものの有限集合，各コマに有限種の記号，有限個の書き込みがある．

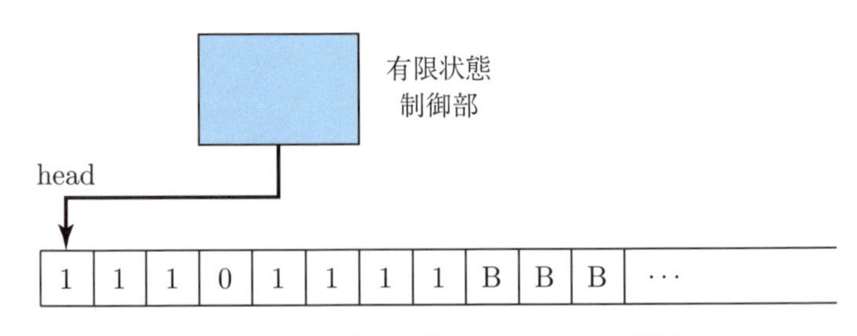

図4.14　1進法加算のチューリング機械

実例として，

$$M = (\{q_0, q_1, q_2\}, \{0, 1\}, \{0, 1, \mathrm{B}\}, \delta, q_0)$$

入力，途中結果，出力結果はテープ上に書き込まれる．動作は，現在の内部状態と，テープ上でのヘッド先の記号を入力として，つぎの状態は，つぎの内部状態，ヘッドの移動，記号のテープへの書き込みとして決まる．

状態 q_0 の間は，文字1を読みながら右移動し，0が来ると q_1 に変わり，0の代わりに1を書く．q_1 の間は文字1を読みながら右移動し，1が終わると q_2 になり，左へ一つ移り，1を一つ消す．表4.1が遷移表であるが，これはプログラムであるといえる．

自然数上の関数においてチューリング機械として表現できるものを，**計算可能関数**（computable functions）という．これは別の定義である**帰納的関数**（recursive functions）と実は同じ範囲になっていたので，これらは安定した定

表 4.1 チューリング機械の遷移表

	0	1	B
q_0	$q_1, 1$	q_0, R	
q_1		q_1, R	q_2, L
q_2		q_2, B	

義だといえる．こういう関数は，有限表現で有限動作ということが肝要である．

チューリング機械 TM を，5.2 節のプログラム内蔵方式コンピュータ SM と比較してみると，TM は単能計算機で，アルゴリズムは組み込まれている．TM のテープは無限長だが，SM のメモリはレベルがあり拡張可能である．

チューリング機械の動作が決定性でも非決定性でも，多項式時間で計算可能な関数の範囲は，同じか違っているかは，解決していない大きな問題である．これが $\mathrm{P} \neq \mathrm{NP}$ 問題である．

第 4 章の章末問題

4.1 他のソート法について調べなさい．

4.2 グラフの全頂点を巡回するアルゴリズムを作りなさい．

4.3 ハッシュ法とはどのような方法か調べなさい．

4.4 プログラミング言語において，変数名などを表す名前は，構文としては，先頭文字が英字で，英字および数字がそれに続いたものだといえる．この文法を正規表現で表しなさい．

4.5 図 4.13 のオートマトンの受理する正規集合を表す正規表現を示しなさい．

第5章 コンピュータアーキテクチャ

この章ではコンピュータのハードウェアについて見ていく．コンピュータによる情報処理やデータの蓄積，ネットワークを介しての情報通信などはすべて，結局は何らかの電子機器において実現され，実行される．コンピュータは電気で動作する機械であり，電子部品を組み合わせたものからできている．情報の理論もソフトウェアも，ハードウェアがあってこそ成立する．逆にソフトウェアつまりプログラムがなければハードウェアは動作しないことが多い．

コンピュータの基本的な構成は，プロセッサ，主メモリ，2次メモリ（磁気ディスクやCDなど），入出力機器（液晶ディスプレイやキーボード，マウス，プリンタなど），コンピュータ同士やネットワークへつなぐ通信機器，それに加えて電源や空調機器，そしてこれらの間をつなぐ各種の通信線からなる．その中で中心となるのはプロセッサである．

コンピュータのプロセッサは，階層に分けると，下位レベルから順に，論理回路・順序回路，レジスタ転送レベル，プロセッサメモリレベルからなるとされる．この順に見ていく．

5.1 論理回路・順序回路

電子回路はその素子の組合せによって，目的に沿って，電圧や電流の大きさ，さらに波形や振動数を変化させる．電子回路にはアナログ回路とディジタル回路があり，コンピュータはディジタル回路からできている．電圧などで2値の0と1を表現し，これらの値の保存や変更を行う．論理値の0と1は，電圧値のたとえば0Vと3Vなどで表される．

ディジタル回路は古くは，リレーやコンタクトと呼ばれる機械的な素子や，真空管を素子として実現されていたが，半導体による**トランジスタ**（transistor）の画期的な発明（1948年）があり，トランジスタ，ダイオード，キャパシタなどの素子から組み立てられている．さらにその後は**集積回路**（IC, LSI）として発展している．トランジスタとは，3 端子をもち，エミッタからコレクタへの電流の有無が，ベースへの電圧によって制御できるもので，これを組み合わせて論理素子を構成できる（図 5.1）．

LSI チップ上のトランジスタ数は 18 ヶ月ごとに倍になるという**ムーアの法則**（Moore's Law）があり，コンピュータの高速化複雑化を示すものとして有名である．しかし最近は，高密度化による量子化の影響で，これは単純には実現が難しくなってきている．

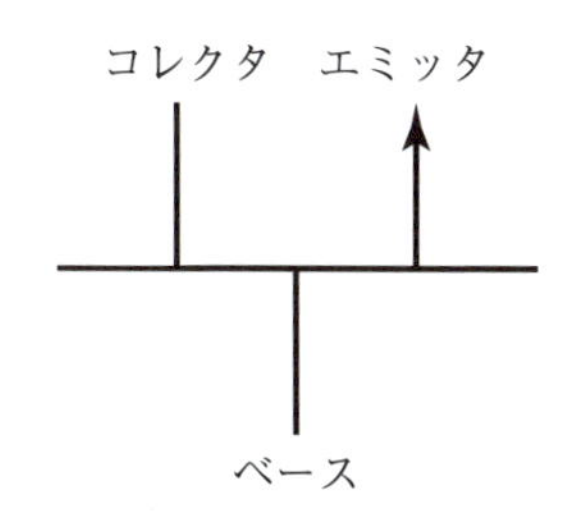

図 5.1 トランジスタ（NPN 型）

その後の進歩は，IC（1957），PLA（1970, Programmable Logic Array），舛岡富士雄による NOR 型 flash memory（1980），FPGA（1985）などが目覚ましい．現在，1 チップ上に 10 億トランジスタ，プロセスは 10 nm，サイクルは 1 GHz 程度に達している．プロセスとはチップ上での回路の線間隔のことである．

0 と 1 の 2 値のデータを計算し処理する回路を論理回路や順序回路という．**論理回路**（logic circuit）あるいは**組合せ回路**（combinational circuit）は，2 値の関数を回路として計算するものである．**順序回路**（sequential circuit）は，その中で，フリップフロップなどのメモリにあたるものを含む．数学的な基礎は，Boole（1847），Shannon（1938, 1949）による．

2 値の関数はすべて，**AND, OR, NOT** という 3 種類の素子を組み合わせると実現できることがわかっている．AND, OR, NOT は表 5.1 のような，0 と 1 という入力値から 0 と 1 という出力値を与える関数である．

AND, OR, NOT の論理素子を用いて，2 進加算回路を構成する例を図 5.2 に示す．2 進加算回路 FA とは，1 ケタの 2 進数 a_k と b_k と c_k の和を計算して，結果を s_k，ケタ上がりを c_{k+1} として出力する論理回路である．これらはつぎ

表 5.1　AND, OR, NOT

AND(x, y)

x \ y	0	1
0	0	0
1	0	1

OR(x, y)

x \ y	0	1
0	0	1
1	1	1

NOT(x)

x	
0	1
1	0

a	b	c	s
0	0	0	0
0	1	0	1
1	0	0	1
1	1	1	0

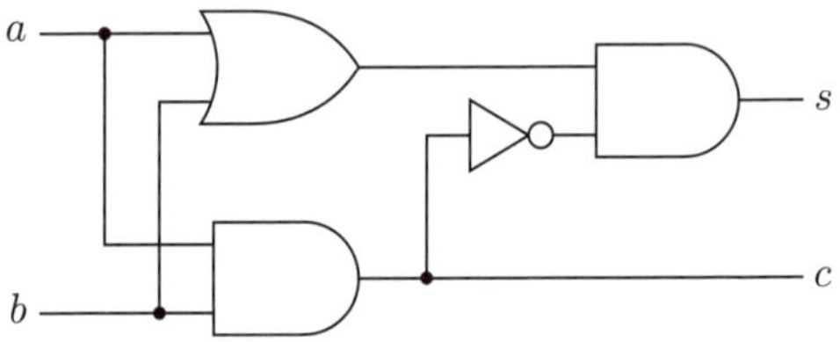

図 5.2　半加算器の回路

の式によって計算される.

$$c_{k+1} = b_k c_k + c_k a_k + a_k b_k$$
$$s_k = a_k b_k c_k + a_k \bar{b}_k \bar{c}_k + \bar{a}_k b_k \bar{c}_k + \bar{a}_k \bar{b}_k c_k = a_k \oplus b_k \oplus c_k$$

ここで $\oplus$ は **EXOR**（排他的論理和，表 5.2）である.

表 5.2　EXOR

EXOR(x, y)

x \ y	0	1
0	1	0
1	0	1

この 1 段 FA を多段に組み合わせると，任意のビット長の加算回路を構成できる．これをフルアダー（full adder）という.

論理素子は **NAND** あるいは **NOR** の 1 種類ですますことができる．これらは表 5.3 のような論理関数である．関数 NAND（あるいは NOR）によって，AND, OR, NOT それぞれを合成できることが知られている．また図 5.3 は NAND による EXOR の実現例である.

表 5.3　NAND, NOR

NAND(x, y)

$x \backslash y$	0	1
0	1	1
1	1	0

NOR(x, y)

$x \backslash y$	0	1
0	1	0
1	0	0

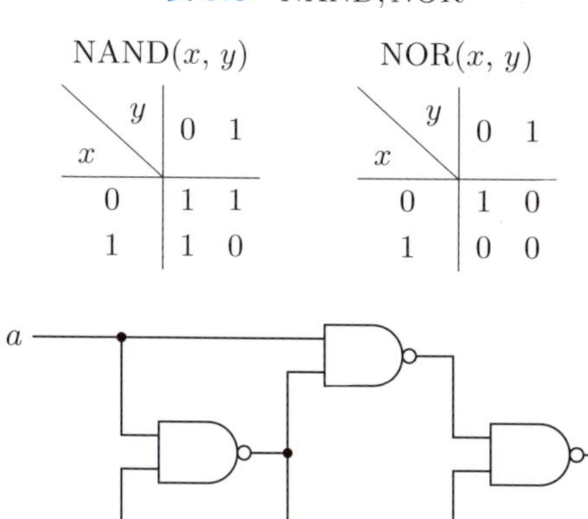

図 5.3　NAND による EXOR の実現

$$NOT(x) = NAND(x, x)$$
$$AND(x, y) = NAND(NAND(x, y), NAND(x, y))$$
$$OR(x, y) = NOR(NOR(x, y), NOR(x, y))$$

順序回路は，回路としてそれまでの入力値の計算結果を記憶としてもっていて，つぎの出力が現在の入力と記憶とから決まるものである．順序回路の基本的な型として，**フリップフロップ**（flip-flop）があり，これは 1 ビットの記憶（すなわち 0 か 1）をもつものである．コンピュータの主メモリやプロセッサ中のレジスタは，このフリップフロップが組み合わさったものとみなせる．

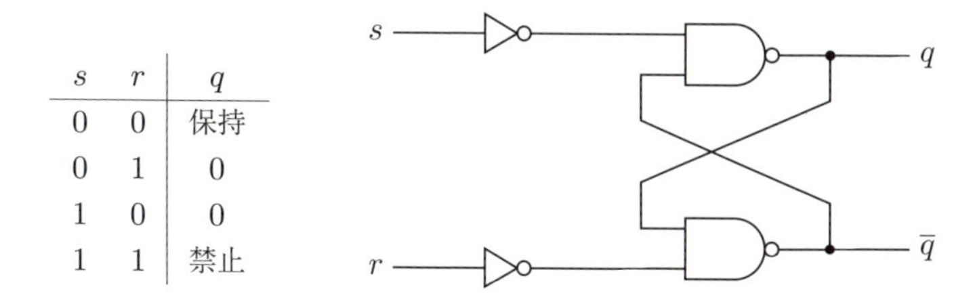

s	r	q
0	0	保持
0	1	0
1	0	0
1	1	禁止

図 5.4　RS 型フリップフロップ

フリップフロップにも各種の型があるが，もっとも基本的なものとして，RS型フリップフロップがある（図 5.4）．R と S はそれぞれ reset と set を表し，リセットによって内部記憶は 0 になり，セットによって 1 になる．

5.2 プロセッサと主メモリ，プログラム内蔵方式

コンピュータの部品として，プロセッサ，主メモリ，2 次メモリ，磁気ディスク，DVD，キーボード，モニタ，プリンタ，ビデオ，サウンド機器，ネットワーク機器などがある．これらは概念としては，プロセッサとメモリを中心として，図 5.5 のように，通信線で結ばれている．この通信線はバス（bus）と呼ばれ，乗合自動車の意味である．

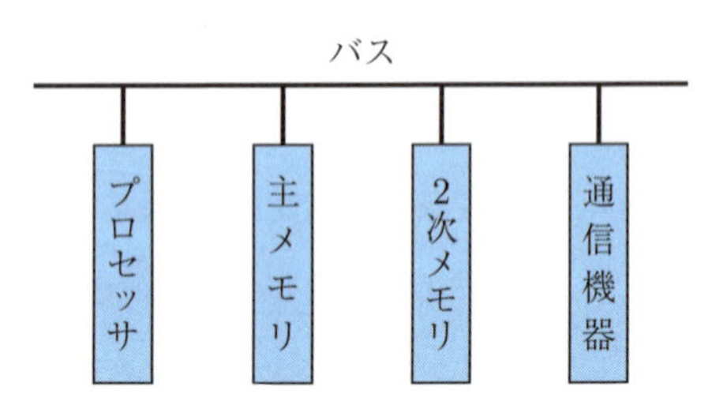

図 5.5 プロセッサとメモリ

プロセッサ，主メモリ，2 次記憶の磁気ディスクなどの役割分担はどのようになっているか．データは 2 次記憶に保存され，また入出力端子を通して外部の入出力機器および通信機器からもたらされる．これらのデータは，計算処理・加工のため，プロセッサによって主メモリに移される（load という）．従って処理はプロセッサとメモリとで行われる．それはどのように進行するのか．

主メモリは巨大だが単純な構造をしている．バイトが非常に大きな個数だけ並んでいて，そして各バイトは**番地**，**アドレス**（address）と呼ばれる整数値で指定できる．これはプログラミング言語における配列とほぼ同じものである．データはバイト列の形で主メモリ中に置かれる．実は機械語命令列つまり機械語プログラムもバイト列としてメモリ中に置かれて実行される．これを**プログラム内蔵方式**（stored program computer），あるいは**フォンノイマン方式**とい

う（図 5.6）．プログラムはデータとプログラムとの間で自在に姿を変えることができるのである．コンピュータの万能性（universality）の所以である．

プロセッサこそがコンピュータの主役である．プロセッサは演算処理装置と呼ばれたり，やや古い呼び方で中央処理装置（CPU：Central Processing Unit）ともいった．プロセッサには，データやアドレス値を置いて，種々の計算処理やメモリアクセスの処理をするための直接の場所として，**レジスタ**がある．これは数個から数十個からなる．演算はレジスタ上のデータに対して，あるいはレジスタとメモリ中のデータの間に対して行われる．レジスタとメモリとの間の単なるデータのやりとりも処理のうちである．この演算のことを**機械命令**あるいは単に**命令**（instruction, operation）という．ここで大事なことは二つあって，命令の種類つまり**命令セット**と，レジスタおよびメモリの各場所の指定法つまり**アドレシング**（addressing）である．これらの違いがプロセッサの違いである（具体例は次節）．

磁気ディスクや SDD などの 2 次メモリは，ファイルシステム（次章）のためのものとして，データやプログラム，ソフトウェアの，保存のために用いられる．一般にアクセスの速度は主メモリよりも数十倍以上遅いが，プログラムの実行のためには重要である．

CD，キーボード，モニタ，プリンタなどは入出力機器（IO devices：Input/Output devices）である．これらには機器ごとにドライバプログラムと呼ばれるソフトウェアが必要である．2 次メモリや入出力機器，通信機器は，プロセッサや主メモリにおける，イベント処理によってデータの読み書きが実行される．

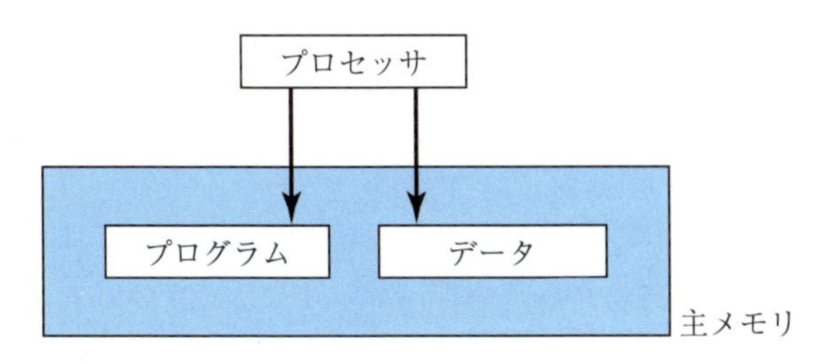

図 5.6 フォンノイマン方式

マイクロプロセッサの機能は用途によって分化している．以下は一つの分類である：

(1) デスクトップパソコンあるいはサーバ用の汎用プロセッサ (Intel 社 Core や Xeon，AMD 社 Athlon など)
(2) 小規模家電などに用いられるマイクロコンピュータ (Atmel 社 megaAVR，ルネサス社 SuperH など)
(3) 携帯電話やスマートフォンに用いられるモバイルプロセッサ (Texas Instruments 社 OMAP，Qualcomm 社 Snapdragon など)
(4) 画像処理プロセッサ GPU (Nvidia 社 GeForce など)
(5) ディジタル信号処理プロセッサ DSP (Texas Instruments 社 C6000 など)

5.3 機械語の例：DEC PDP-11 と Intel IA-32

プロセッサの構成は，キャッシュやパイプラインの機能など，高機能化・複雑化している．しかしここでは，プロセッサの比較的単純で具体的な例として，時代は少し古いが DEC 社のミニコンピュータ PDP-11 のアーキテクチャ，特に命令語セットとアドレシング方式について紹介する．

この機械は DEC 社の 1970–1980 年代に活躍した，16 ビットミニコンピュータシリーズである．このシリーズは，命令セットおよびアドレシングの設計の単純でわかりやすいこと，それらが互いに概念的に直交していること，プログラミングの容易さなどが特徴である．Unix が 1970 年最初にインストールされた．しかし 16 ビットというメモリ空間の制限が時代とともに厳しくなっていった．ここではその特徴的な点だけを紹介する．

レジスタ

8 個のレジスタ R0, R1, R2, R3, R4, R5, SP, PC がある．SP はスタックポインタで主メモリ中のスタックのトップを指す．PC はプログラムカウンタで，現在実行中の命令を指す．

アドレシング

アドレシングはここでは 5 種を説明する．

[1]　Immediate

MOV　♯10., R0

数値自体がアドレス

[2]　Index

ADD　2(R2), R0

[3]　Register

CLR　R1

レジスタを指定

[4]　Autodecrement

MOV　R2, −(SP)

アドレスを指定後に値を（アドレスの対象によって）1 あるいは 2 減少

[5]　Autoincrement

ADD　(SP)+, R1

アドレスを指定後に値を（アドレスの対象によって）1 あるいは 2 増加

命令セット

データ移動，論理演算，算術演算，条件付き／なし分岐，サブルーチン呼出しなどがある．

[1]　**データ移動**

MOV	S, D	Move	(src) → (dst)
CLR	D	Clear	0 → (dst)

[2]　**論理演算**

BIC	S, D	Bit Clear	∼(src) ∧ (dst) → (dst)
BIS	S, D	Bit Set	(src) ∨ (dst) → (dst)
XOR	R, D	Exclusive Or	R⊕(dst) → (dst)

[3]　**算術演算**

NEG	D	Negate	− (dst) → (dst)
ADD	S, D	Add	(src) + (dst) → (dst)
SUB	S, D	Subtract	(dst) − (src) → (dst)

MUL　S, R　Multiply

R が偶数番レジスタのとき (src) $\times$ R $\rightarrow$ R, Rv1

R が奇数番レジスタのとき (src) $\times$ R $\rightarrow$ R

DIV　S, R Divide

R は偶数番レジスタである

R, Rv1/S $\rightarrow$ R 商 Rv1 余り

TST　D　Test　set N if (dst) < 0

set Z if (dst) $= 0$

CMP　S, D　Compare　set N if (src) $-$ (dst) < 0

set Z if (src) $-$ (dst) $= 0$

（N や Z は条件コードと呼ばれる 1 ビットで分岐命令で用いられる）

例：アドレス A と B の内容の乗算の結果をアドレス C に入れる．

```
MOV  A, R0
MUL  B, R0
MOV  R0, C
```

[4]　分岐命令

BEQ	L	Branch if equal
BNE	L	Branch if not equal
BLT	L	Branch if less than
BLE	L	Branch if less than or equal
BGT	L	Branch if greater than
BGE	L	Branch if greater than or equal
BR	L	Branch
JMP	L	Jump

[5]　サブルーチン呼出し・復帰

JSR　R, D　Jump to Subroutine

(dst) $\rightarrow$ (tmp)

R $\rightarrow$ $-$(SP)

PC $\rightarrow$ R

(tmp) $\rightarrow$ PC

RTS　R　Return from Subroutine
　$R \to PC$
　$(SP)+ \to R$

例：サブルーチンの先頭アドレスを FUNC として

　JSR　PC, FUNC

によってこのサブルーチンを呼び出し，その実行の最後に

　RTS　PC

によって呼び出し元の直後の命令に戻る．

米国 Intel 社のマイクロプロセッサ 8086 は 1984 年に登場以来，いわゆるパーソナルコンピュータのプロセッサとして，現在に至るまで支配的な地位を占めてきた．8086 は 1 語が 16 ビットだが，その後に 1 語が 32 ビット化された 80386，さらに 64 ビットのものも登場している．

1 語が 32 ビットということは，基本的なデータの表現，特に整数が 32 ビットということだが，それだけではなく，主メモリへのアドレシングが，つまりアドレスのサイズが 32 ビットだということである．一つのプログラム中で参照できるデータの個数が 2^{32} である．

8086 には，各種用途の比較的決まっているレジスタが 12 個用意されている．そのうちの 8 個は主にアドレシングのために使用するが，その個数の多いのは，アドレシングの範囲が 16 ビットしかないためである．

5.4 2次メモリ，IO機器，通信機器

コンピュータはプロセッサ，主メモリ，その他の部品からできているが，それらは**マザーボード**（motherboard）と呼ばれる基盤の上に装着される．マザーボードはそれらの間のバス（通信線）や，部品を差し込むためのスロット（ソケット）を用意している（図 **5.7**）．

現在のパソコンの部品からの構成の一例をあげる．

(1) プロセッサ 3GHz キャッシュ 6MB
(2) メモリ 16GB
(3) ハードディスク 1TB SATA 6Gb/s
(4) SSD 250GB SATA
(5) 光学ドライブ DVD プレイヤ SATA
(6) 増設 GPU
(7) マザーボード拡張スロット PCI LAN 機能 USB HDMI など
(8) PC ケース 各種ポート
(9) 電源

この例では，プロセッサ（CPU：Central Processing Unit）を中心として，3段階に分けられた部品群へのバスが用意されている．もっとも高速の部品群として，主メモリとグラフィクスカード（のスロット）がつながれる．第2段階の部品群として，PCI, IDE, SATA, USB, Ethernet, CMOS メモリがある．IDE, SATA はディスクのためのインタフェース，CMOS メモリは低速主メモリである．第3段階の部品群として，さらに低速の，プリンタ，キーボード，マウスなど（のインタフェース）がある．

以上はあくまで一例にすぎず，部品もバスもインタフェースも進化あるいは多様に変化している．

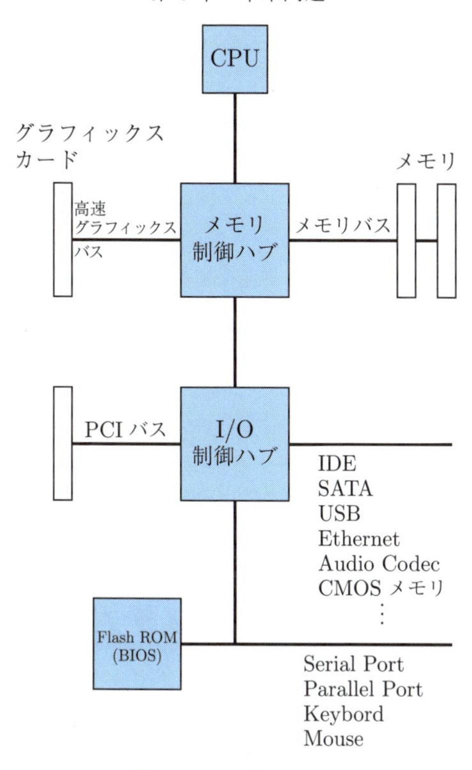

図 **5.7**　マザーボード

第 5 章の章末問題

5.1　RS フリップフロップ以外のフリップフロップについて調べなさい.

5.2　自分の使っているコンピュータの命令セットとアドレシング方式を調べなさい.

5.3　磁気ディスクと SSD (solid-state device) との間で, 速度と価格を比較しなさい.

第6章 オペレーティングシステム

オペレーティングシステム（OS）とは，ハードウェアとしてのコンピュータをユーザが操作するための，基本となるソフトウェアシステムである．一口で言えば，コンピュータハードウェアや通信機器と，各種ソフトウェアや人間との間に立つインタフェースである．プロセッサ，主メモリ，2次メモリ，入出力機器，センサ，通信機器などのハードウェア機器の，それぞれを協同して動作させる．OSは機械の各部分を直接に動作させるプログラムの集まりである．機械にもっとも近く位置するソフトウェアとして，直接に機械を操作する部分（カーネル）や，人間に操作をしやすくするための部分（CUI，GUI，スクリプトなど）がある．

6.1 オペレーティングシステムの機能

オペレーティングシステム（OS）は，それぞれ特定の機能をもつプログラムの集合体で，それらのプログラムは，割込みなどによって起動される．これらのプログラムを機能によって概念的に分類し図示すると**図6.1**のような層状であると考えられる（実体はもっと複雑な構成である）．

ハードウェアにもっとも近い内側から順に，OSの核となる，プロセッサと主メモリの管理がある．その外側に，ファイルシステム（2次記憶），入出力システム，ブラウザと通信管理，ユーザ管理，各種アプリケーションなどがある．これらをユーザ（および外部の機器や別のコンピュータ）が使うためのユーザインタフェースが表層にある．

この図のような状況を，オペレーティングシステムは各ハードウェア部品の上で実現していく．そのためにOSは主なものとしてつぎのような機能をもつ．

(1) プロセス管理

(2) メモリ管理

(3) ファイル管理

(4) 入出力・通信管理

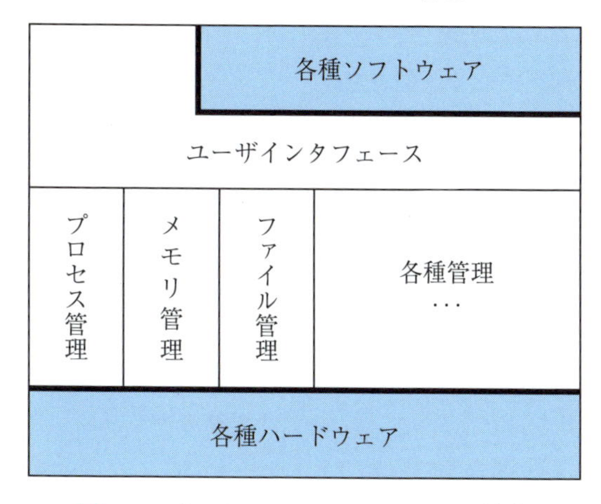

図 6.1　オペレーティングシステムの機能

(5)　ジョブ管理

(6)　ユーザ管理

(7)　ユーザインタフェース，GUI

インターネット上のウェブサイトへアクセスするための基本ソフトウェアであるウェブブラウザ（11 章）は，今やそれ自身でオペレーティングシステムに近い機能をもっている．

6.2　プロセスとプロセス管理

プログラムは実行するときには主メモリ上に置かれる．オペレーティングシステムにおいてプログラムの実行の単位のことを**プロセス**（process）という．プロセスはプロセッサによって逐次実行される．プロセスの実行は終了するかあるいは途中で休止状態となる．そして別の待っていた状態のプロセスの一つが選ばれてそれが実行の状態に移る．

プロセス管理はプロセスの切り替えのときの作業を受けもつ．複数のプロセスを順に切り替えて実行していく機能である．

プロセスのプログラムと，それが必要とするメモリ空間（主メモリの一部分で一連のアドレスをもつ）は，半導体からなる主メモリの上に，ある範囲のアドレスに割りつけられる．これをそのプロセスのメモリ空間という．オペレーティングシステムの立場からコンピュータにおけるプログラムの実行の様子をイメージとして捉えておく（図 6.2）.

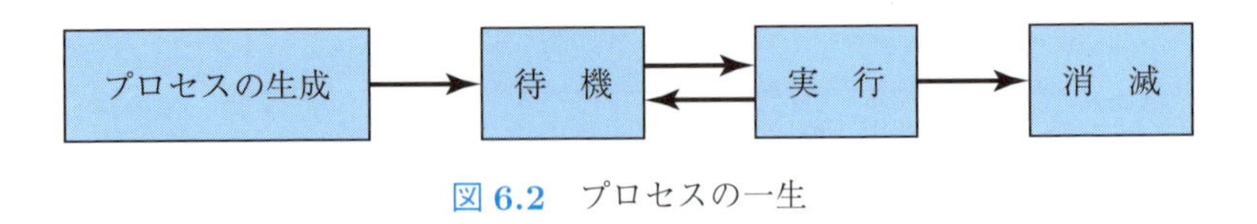

図 6.2 プロセスの一生

複数のプロセスをあらかじめ定められた方針に従って順に実行する．この方針をスケジューリングポリシーといい，重要なものからや，もっとも待たされたものからとかのポリシーがある．各プロセスの重要度をプライオリティ（priority，優先順位）といい，OS のプロセスなど，緊急度の高いプロセスに高い重要度を与える．

6.3 メモリ管理

メモリ管理は，プログラム実行時における，主メモリの割り当てを管理する．各プロセスに主メモリ内にメモリ空間を割り当て，プロセスが終了するとそのメモリ空間を解放し，他の用途に使えるようにする．

最近のメモリ管理は仮想空間という概念を使っている．これはメモリ空間の割り当てを仮想的な大きな空間に対して行い，仮想空間と実際の主メモリとの間の対応を別に扱うものである（プロセスの実行時に，対応するアドレスの間の変換を自動的に行う）．こうすることによって，プロセスごとのメモリ空間の割り当てを容易に行える．

6.4 ファイルシステム，RAID

ユーザやシステムの各種ファイルは，磁気ディスクや SSD などの（主メモリ以外の）2 次メモリ（補助メモリともいう）上に置かれる．**ファイルシステム**（file system）とは，これらのファイルが全体としてどのように登録されているか，さらに取り出し方，読み書き実行できるかなどの，構成や管理のことである．

システムおよび各ユーザのもつ，データやプログラムのファイルを全体として，ファイルシステムとして管理する．管理とはファイルの新規の作成，読み出し，書き換え，消去のために，2 次記憶（ハードディスクや SSD）に割り当てることである．

ここでは Unix オペレーティングシステムのファイルシステムを例として説明する．ファイルは全体としていわゆる木構造（tree structure）をなしている（図 **6.3**）．木の末端（葉という）のところにファイルがあり，それを全体として木の形に構造を作っている．いくつかファイルの入る場所（木の葉以外の頂点）のことを Unix では**ディレクトリ**（Windows では**フォルダ**）という．ディレクトリの要素はファイルあるいはディレクトリである．このようにしてファイル全体を分類できる．

個々のファイルには，読み書き実行の**アクセス権**というものが付属していて，これらは自由に指定し変更できる．アクセス権とは，Unix の場合，一般ユーザ，ユーザグループ，システム管理者の三つそれぞれが，読み，書き，実行のそれぞれを可能か不可能か，ファイルごとに指定するものである．

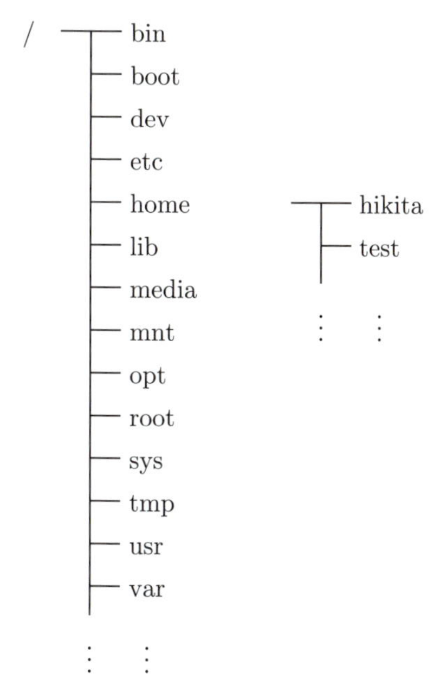

図 **6.3**　ディレクトリの構成（Linux）

LAN で結ばれた二つのコンピュータのファイルシステムにおいて，そのある部分を共有することが行われる．これをマウント (mount) という．さらに，一つのファイルシステムをネットワーク上に分散して管理することも行われ，これを**分散ファイルシステム**という．仮想通貨のための技術であるブロックチェーンにおいてもその一部は分散ファイルシステムともいえる．

ファイルシステムをハードウェアとして担っているのは磁気ディスクであるが，磁気ディスクはコンピュータ部品の中でも信頼性が低い (故障しやすい)．しかし大事なデータやデータベースシステムを保持するためには，信頼性を上げるために，基本的にはファイルシステムの二重化 (多重化) を行うことになる．

これをさらに進めて，故障を起こしたディスクを，システム全体を停止することなしに，新しいディスクと交換できることが望ましく，これをホットスワップ (hot swap) といい，サーバシステムなどで用いられる．このための技術として **RAID** (Redundant Array of Inexpensive Disks) がある．複数の比較的安価なハードディスクを組み合わせて，冗長で信頼性のあるファイルシステムを構築する．これにはレベルとしていくつかあるが，通常は，0, 1, 5, 6 がよく用いられる．RAID0 は，ストライピングといい，一つのファイルを複数のドライブに分散するもので，実は冗長性はなく，しかしアクセスの速度は上がる．RAID1 はミラリングで，ファイルの二重化である．これらを組み合わせることもできて，RAID1+0 は，下位の RAID1 を上位の RAID0 で組み合わせるものである (図 6.4 参照)．RAID5 はブロック単位でのパリティ分散記録で，RAID6 は複数パリティであり，データの復元に強い．

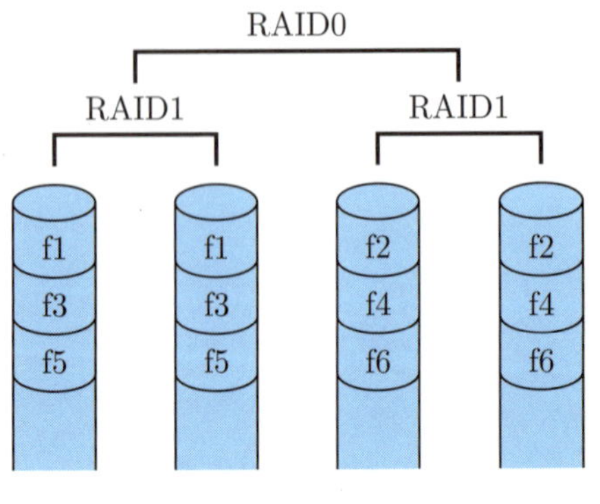

図 6.4　RAID1+0

6.5　人間とのインタフェース

コンピュータやスマートフォンを使うとき，ユーザは画面上で操作している．この場合のいわゆる入出力機器は，タッチパネルとか，キーボードやマウスである．詳しくいうと，人間からの入力は，キーボード，マウス，画面へのタッチなどが多く，人間への出力は画面表示，紙への印刷，あるいは音声などである．低速の入出力機器は，1960 年代のコンピュータ最初期では入力に紙カードや紙テープ，タイプライタ，出力にタイプライタなどであった．機器の進化，変化がずいぶんあったし，今後もある．最近の入力としては，画像，音声（マイク），ジャイロなどのセンサ，GPS など，スマートフォンにおいて多様化している．

ユーザインタフェースとして，コマンドラインと，グラフィカルユーザインタフェース（GUI）の 2 種類がある．これは操作の入力の仕方の違いである．コマンドラインとは文字だけによる入力と出力である（図 6.5）．GUI はそれに対して，アイコン，ボタン，メニューなど，視覚的にわかりやすい画像に対して，マウスやポインタを操作して，文字入力を用いることなくコンピュータに対して操作する（図 6.6）．これら以外にも最近は音声での入出力が広がりつつある．

代表的なオペレーティングシステムの一つである Unix のコマンドラインによる基本的なコマンドの例を表 6.1 に挙げる．

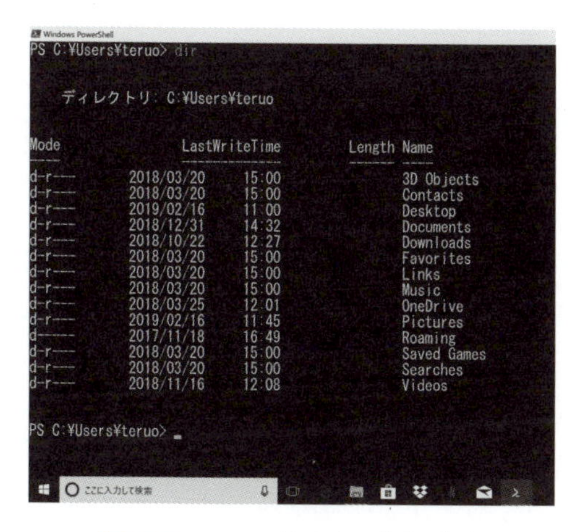

図 6.5　コマンドライン入力（ls）

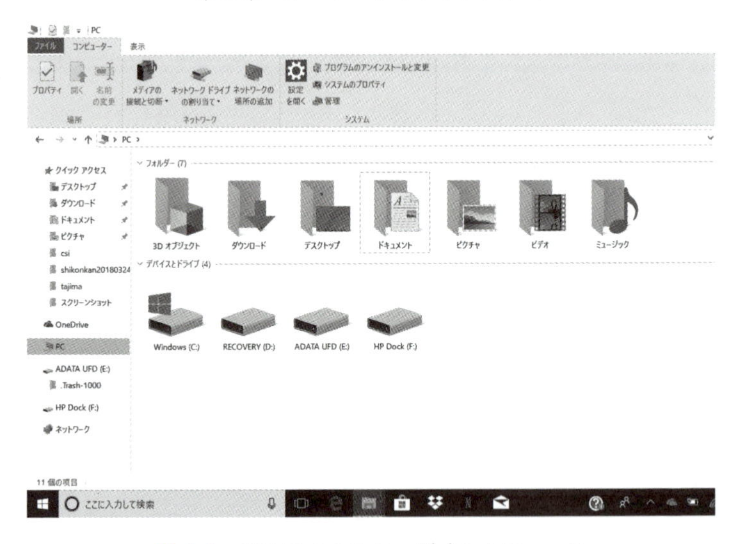

図 6.6 グラフィカルユーザインタフェース

表 6.1 基本的なコマンドの例

機能	コマンドの例（Unix）
ユーザの登録	login logout
ファイル操作	ls cat cp mv cmp chmod diff grep rm mkdir
言語処理	cc javac
エディタ	ed vi
プリンタ出力	lpr
プロセス制御	kill ps
その他	date cal

人間とではなくコンピュータ相手のインターフェースとして，ウェブを介して行う場合をウェブサービスと呼び，近年重要である．

6.6 各種のオペレーティングシステム

オペレーティングシステムはこれまで数多く開発され使用されてきた．現在，具体的には，Unix, Linux, Microsoft Windows, Mac OS，そしてスマートフォンには Android や iOS などが広く使用されている．

Unix は米国 AT&T Bell 研究所において開発され，1969 年に DEC PDP-7 ミニコンピュータ上で最初のリリース，1971 年の DEC PDP-11 上で大きな成功をおさめた．Unix はその後いろいろの方向に分岐して発達した．**Linux** は Unix とほぼ同じ思想と内容をもつ OS で，1991 年にトルヴァルズ（L. B. Torvalds）が開発を始め，ストールマン（R. Stallman）の GNU プロジェクトの各種の豊富なソフトウェアを備えて，2000 年代に普及した．

Microsoft **Windows** はパーソナルコンピュータのための GUI を備えた OS として 1985 年にリリースされ，1992 年の Windows3.1 から大きく普及した．2018 年現在は Windows10 である．

Android は Google 社による mobileOS で，Linux をベースとして，プロセッサ ARM や x86 で動作する．2008 年からリリースされている．また Apple 社の iPhone や iPad のための OS である **iOS**（2007–）は，Unix 系の OS に通信やユーザインターフェースの機能を加えたものである．

第 6 章の章末問題

6.1 プロセススケジューリングの各種のアルゴリズムを具体的に調べなさい．

6.2 Unix と Windows との，ファイルシステムにおいて異なる点を述べなさい．

6.3 Unix においてスーパーユーザのためのコマンドについて調べなさい．

6.4 Android と iOS との異なる点について調べなさい．

第7章
プログラムとプログラミング言語

コンピュータを用いて何かの処理をするには，その手順をコンピュータプログラム（あるいは単にプログラム）として記述して，コンピュータ内に置き，それをコンピュータが実行する．その際には，処理されるデータをプログラム中で指定し，読み込む．つまりプログラムはデータと処理手順を記述するものである．一つのシステムとしてのプログラムの集まりを全体として捉えて，ソフトウェアシステム，あるいはハードウェアも含めてコンピュータシステム，単にシステムということも多い．

通常のプログラムは，人間にわかりやすくそして記述しやすいように，いわゆる高級プログラミング言語で記述する．しかしコンピュータにとってはそのままでは実行できないので，処理の手順を記述したプログラムを，コンパイラというソフトウェアを用いて機械語に変換（コンパイル）した後に，その機械語プログラムをコンピュータが実行する．

7.1 Cのプログラム例

プログラムを記述する言語として，各種の**プログラミング言語**（programming language）がある．固有の語彙や文法をもっていて，何らかの形のデータと，計算手順を記述することができる．応用分野のそれぞれに向いた言語が発達しているが，汎用言語と呼ばれる言語も多い．プログラミング言語は1950年代のFORTRANやCOBOLから始まって，BASIC, C, Pascal, Smalltalk, Ada, C++, Java, JavaScript, PHP, Pythonなどがよく知られていて，現在でも使用されている．米国IEEE Spectrum誌によると，雑誌などによく出現して人気のあるプログラミング言語は，2018年7月現在，トップ10は1位から順に，Python, C++, Java, C, C♯, PHP, R, JavaScript, Go, Assemblyである．順位の昇降の変化も興味深い．

コンピュータの世界では，プログラミング言語以外にも言語があり，コンピュータの機械語が機種ごとにある．また，Unix などオペレーティングシステムのコマンド，vi や emacs などのテキストエディタでは，コマンドを組み合わせて一種のプログラミングが可能である．またデータベース問合せ言語の SQL，シェル言語，そして文書作成フォーマッティングの HTML, LaTeX などがある．これらも言語であり，プログラミング言語と区別のつきにくい場合があり，場合によっては汎用プログラミング言語以上に重要な応用をもつ．

自然言語の種類はもっと多い．世界に言語がいくつあるかというと，三千とか五千とかだそうである．たとえばミャンマーには，カチン族など少数民族が多く，一国で言語は 40 くらい，インドネシアではもっと多いそうである．

プログラミング言語 C の例を見る．図 **7.1** のプログラムは，1000 個の整数データを入力機器から読み込んで，それらの統計上の値として平均値の値を，出力機器にプリントして出力する．

プログラムの大筋を説明する．プログラムの最初の 1 行は「おまじない」で，入出力の既定の関数（この場合は `scanf` と `printf`）を使うことを示している．

このプログラムは `main` という名前の一つの関数からできている．この関数名は主プログラムという意味で，プログラムの実行はつねに主プログラムから

```
#include <stdio.h>
int main(void) {
  int n = 1000;
  double a[n], ave, sum, x;
  int i;
  for (i=0;i<n;i++){
    scanf("%lf",&x); printf(" %lf\n",x);
    a[i] = x;
  }
  sum = 0.0;
  for (i=0;i<n;i++)
    sum = sum + a[i];
  ave = sum/n;
  printf(" %lf\n", ave);
}
```

図 **7.1**　平均を計算する C プログラム

始まる．その実行の内容は括弧 { と } とで囲まれている．main の中では，変数 n，配列 a などを使用することを宣言している．実際の計算の実行は，まず n 個のデータを読み込んで順に配列に入れる．つぎにこれらのデータを変数 sum に足しこんで，全部のデータの総和を sum に求める．それから平均値 ave を計算して求める．最後に平均値の値をプリントする．全体に素直なプログラムである．

図 7.2 は 4.4 節の**挿入ソートアルゴリズム**を C プログラムとしたものである．プログラムは二つの関数 insert_sort と main からできている．第一の関

```
#include <stdio.h>
#define nmax 10000
void insert_sort(int a[], int n)
{
    int i, j, q;
    for (i = 2; i <= n; i++) {
        q = a[i]; j = i;
        while (a[j-1] > q) {
            a[j] = a[j-1];
            j--;
        }
        a[j] = q;
    }
}
int main(void)
{
    int a[nmax+1], n, i;
    n = 0;
    while (scanf("%d", &a[n+1]) != EOF) n++;
    a[0] = -2147483647;
    insert_sort(a, n);
    printf(" %d\n", n);
    for (i = 1; i <= n; i++) printf("%12d\n", a[i]);
}
```

図 7.2 挿入ソートの C プログラム

数 insert_sort はアルゴリズムの本体で，4.4 節のとおりである．主プログラム main は，配列 a にデータを用意し，insert_sort という，ソートを行う関数を呼び出して，ソートを行っている．この関数を呼び出す（call）という概念が大事である．

つぎの図 7.3 は，4.5 節の**二分探索**アルゴリズムを C プログラムで記述したものである．両者はほとんどそのまま対応している．この C プログラムは二つの関数 binsearch と main とでできている．main は表つまり配列 a に N 個の整数データを読み込み，変数 t に表の中で探すべきデータを読み込んで，関数 binsearch を呼び出して，結果をプリントする．つまり入出力を行うだけで，二分探索のアルゴリズムはすべて関数 binsearch が受け持っている．

関数 binsearch は，配列のちょうど中央の位置にしまってある値と t とを比較して，t が小さいときは，t は後半部にはありえないので，配列の前半を探

```
#include <stdio.h>
#define N 10
int binsearch(int x, int v[], int n)
{
    int p, q, m;
    p = 0;  q = n - 1;
    while (p <= q) {
        m = (p + q)/2;
        if (x < v[m])  q = m - 1;
        else if (x > v[m])  p = m + 1;
        else  return m;
    }
    return -1;
}
int main(void){
    int a[N], i, t;
    for (i = 0; i < N; i++)  scanf("%d", a+i);
    scanf("%d", &t);
    printf("%d \n", binsearch(t, a, N));
}
```

図 7.3 二分探索の C プログラム

し，t が中央値より大きいときは配列の後半を探す．探している部分の大きさが 1 になればもはや探す必要はない．

7.2 プログラムの要素，文法の記述

プログラミング言語には，日本語や英語などの自然言語と同じく，文法規則（構文規則（syntax rules））がある．規則とは言語の構成要素が見かけの出現順序として，どのような順序で結びついているかを示すものである．たとえば，主語と動詞と目的語は，日本語では主語，目的語，動詞の順であるが，英語では主語，動詞，目的語の順である．

言語 C を例として文法規則を見よう．プログラムの構造は**構文規則**で規定される．一般に C のプログラムは，グローバル名の宣言と，いくつかの関数からなる（図 7.2 の場合は関数は `insert_sort` と `main` の二つ）．関数は，関数名やパラメータからなる関数頭部と，実行部本体からなる．そして実行部本体はいくつかの変数の宣言と文の列からなる．

言語の構文上の組み立ては，**BNF 形式**（Backus-Naur Form）というもので記述される．これは数理言語学でいう**文脈自由文法**（context-free grammar）と同じものである．規則はつぎの 3 種類からなる．これは 4.8 節の正規表現の拡張になっている．つまり表現可能な言語（文字列）の範囲が広い．

(1) A B 連接　A と B をこの順に続ける

(2) A | B 選択　A と B のどちらか一方

(3) A* べき　A の 0 回以上の繰返し

例： 符号のついた 10 進数の文法規則は，ε を空列として，

符号つき 10 進数 ::= 符号 10 進数 | 10 進数

符号 ::= + | −

10 進数 ::= 数字 数字の列

数字の列 ::= ε | 数字 数字の列

数字 ::= 0 | 1 | 2 | 3 | 4 | 5 | 6 | 7 | 8 | 9

名前 ::= 英字 英数字の列

英数字の列 ::= ε | 英数字 英数字の列

英数字 ::= 英字 | 数字

英字 ::= a | b | c | d | e | f | g | h | i | j | k | l | m | n | o | p | q | r | s | t | u | v | w | x | y | z

またCプログラムは全体としては

プログラム ::= グローバル名宣言 関数 関数*

7.3　データ型とデータ構造

コンピュータプロセッサの扱うことのできるデータの種類に対応して，プログラミング言語においても，基本データとして，ビットパターン，整数，浮動小数点数，文字を扱うことができる．人間の読むことのできるソースプログラムと機械語との差の一つは，データとして，構造をもつ複雑なデータ，いわゆる**データ構造**（data structure）を扱うことができる点である．データ構造の代表的なものとして，そしてほとんどのプログラミング言語で用意しているものとして，配列と構造体（あるいはレコード）がある．

配列（array）は，複数の同じ型のデータ（たとえば整数）の n 個を要素とするもので，そして各要素は（言語Cでは）`0` から `n-1` までの整数値によって指定できるものである．配列名を `a` とすると，各要素は `a[0]`,`a[i]` のように指定でき，各要素は通常の整数値変数として扱える．数学におけるベクトルが配列を使用する典型例である．

構造体（structure）は，コンピュータ初期からの言語であるCOBOLではレコード（record）という．いくつかの要素（フィールドともいう）の集まりであり，各要素は名前をもっており，変数と要素名の組合せで指定する．各要素は互いに異なるデータ型でもかまわない．たとえば構造体の変数 `b` の要素 `f1` は `b.f1` で指定される．この構造体におけるドット（ピリオド）の使い方は今や，メールアドレスやURLなどにもいわば拡張されて使用されている．

応用プログラムやデータベースにおいてはもっと複雑な構造のデータを必要とすることも多い．表，線形リスト，キュー，スタック，木，グラフなどである．線形リスト，木，グラフは図 7.4 のように，要素となるデータを矢印でつないだもので，矢印は実際にはポインタで実現される．ポインタを用いること

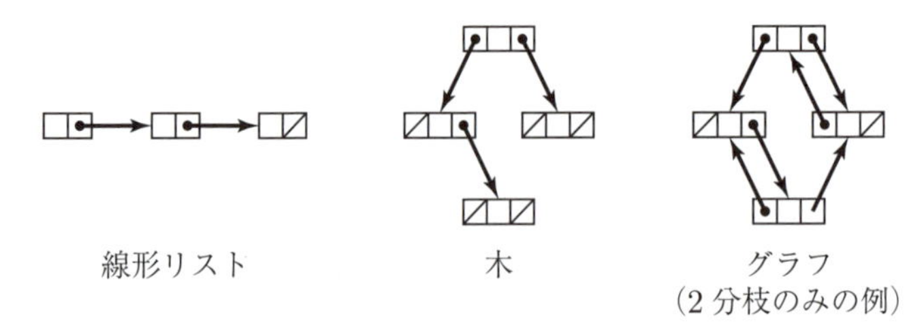

図 7.4　データ構造

で形の柔軟な変更が容易である．通常の汎用プログラミング言語ではこれらのデータ構造は，プログラム上でポインタなどを使って構成する．一部の専用言語ではグラフなどはあらかじめ既存のデータ型として用意されている．

7.4　オブジェクト指向と言語Java

オブジェクト指向言語におけるもっとも重要な概念はもちろん**オブジェクト**（object）である．オブジェクトの中には変数と関数（メソッドという）の両方を含む．一つのオブジェクトはそれ自身のデータと関数をもち，このオブジェクトの中のデータを用いメソッドを呼び出すことで機能する．

オブジェクトはプログラムの実行中にクラスから生成される．クラスはいわ

```
import java.util.*;
class DateDemo {
  public static void main(String args[]) {
    // Date オブジェクトを現在の日付/時刻で初期化する
    Date currentDate = new Date();
    // 現在の日付を表示する
    System.out.println(currentDate);
    // Date オブジェクトを基準時（1970/1/1）に初期化する
    Date epoch = new Date(0);
    // 基準時を表示する
    System.out.println(epoch);
  }
}
```

図 7.5　時刻の Java プログラム

ばオブジェクトのひな型であり，ちょうどデータ型がデータのひな型であるのと同じである．JavaScript のようにクラスをもたない言語もある．

図 7.5 の Java プログラムは，現在時刻を表すことができる．`Date` は既存のクラスで，日付けのオブジェクトを表すクラスである．メソッド `Date()` を呼び出すことでオブジェクトを一つ生成する．そのときの現在時刻を値としてもつので，それをオブジェクト `currentDate` に代入する．

7.5　スクリプト言語

すでに取り上げた汎用プログラミング言語 C や Java 以外に，**スクリプト言語**というプログラミング言語の分野がある．簡易プログラミング言語と呼ばれることもあり，比較的小規模のプログラムに用いられる．スクリプト言語の重要性は最近ますます高まっているが，実際の用途はそれぞれの言語ごとにかなり異なっているようである．ここでは JavaScript のごく一部にふれて（図 7.6），ウェブ関連での JavaScript について 11 章で紹介する．forEach というメソッドが関数をパラメータとしている．結果はリストの数の和の値を計算している．

一般に，スクリプト言語に共通の特徴はつぎの通りである．

(1)　インタプリタ方式
(2)　動的なデータ型
(3)　文字処理

ここで JavaScript を特に取り上げたのは，ウェブページを拡張するための言語として重要だからであり，HTML 文書中に埋め込んで，ウェブブラウザ上で簡単に実行できる．すなわち JavaScript の特徴はつぎの三つである．

(1)　HTML 中で使われる言語
(2)　オブジェクト指向
(3)　ウェブページに対するマウスなどの操作つまりマウスクリックなどのイベントを処理できる．

```
var data = [1,2,3,4,5];
var sum = 0;
data.forEach(function(value){sum += value;});
sum
```

図 7.6 JavaScript プログラム

7.6 プログラミング言語の多様さ

プログラミング言語は多様である．その理由を，適用する分野でも分類できるが，内在的な要因で考えてみよう．一般に，言語の構成要素について比較考察するための視点は，言語機能，構文，表記などである．言語機能はセマンティクスといってもよく，言語の一要素が実行の結果としてもたらす結果（効果）である．構文（syntax）は言語要素のプログラム上での並べ方である．また表記とは字面（じづら）のことで，言語要素の，記号や文字による具体的な目に見える表現である．制御文の if 文や while 文に見かけの違いのあることが多い．

言語機能の高次の総合的な概念として，**プログラミングパラダイム**（programming paradigm）がある．パラダイムとは対象の基本的な考え方や方法，典型などのことで，この場合はソフトウェア作成のための，その言語の想定する特定の方法論や計算方式のことである．Smalltalk や C++はオブジェクト指向という方法論を言語として実現している．具体的な言語機能として，オブジェクト，クラス，継承などをもつ．

言語の多様さの根本は，内容と表現の関係の問題であるように思われる．意味と構文との間の相関である．言語は，表現したい内容に対して，その表現法は一つではなく多様であり，しかしベストの表現を求めたい．表現が逆に内容に影響を与えるということもある．

数学を表現する言語は，表現がかなり標準化されている．一方，自然言語は表現が多様である．プログラミング言語は，いわば自然言語と数学言語の間に位置していて，アルゴリズムは数学的であり，またプログラムは機械で実行するから，プログラムの表現は形式的である．しかしプログラムは非形式的な，泥くさいかもしれない，人間社会の諸側面も表現する．

7.7 コンパイラ

プログラムをコンピュータで実行するには，高級プログラミング言語で記述されたプログラムを機械語プログラムに変換する．その操作を**コンパイル** (compile)，コンパイルを行うソフトウェアを**コンパイラ** (compiler) という．

コンパイルの過程は大きくは二段階で（図 **7.7**)，文字列であるソースプログラムを理解し (analysis)，つぎに機械語プログラムを生成する (synthesis)．プログラム理解としては，字句解析，構文解析，意味解析の段階を経る．**字句解析** (lexical analysis, scanning) は，単に長い文字列であるソースプログラムを，いわば単語にあたる字句 (lexical element, token) の列に区切る．字句とは変数名，関数名，キーワード，演算子などである．字句への分割は難しい作業ではないが，1 文字ずつ読み込むので手間はかかる．**構文解析** (syntax analysis, parsing) は，ソース言語の文法規則を参照しながら，字句の列としてのソースプログラムの文法構造を解析し，プログラムを一つの大きな木構造として理解する．**意味解析** (semantic analysis) は主に，変数名や関数名の意味を理解する．つまり変数のデータ型や他の性質を変数宣言などから確定する．名前とその性質を表の形にした名前表（記号表）を作成する．

ここまでがプログラムの解析で，残るは機械語の合成である．**コード生成**はソースプログラムの内部表現を機械命令の列に変換する．そしてデータをメモ

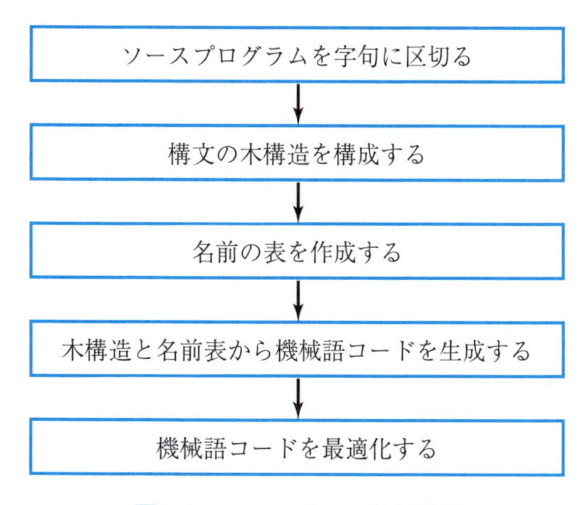

図 **7.7** コンパイルの進行過程

リに配置してメモリのアドレスに変換する．**コード最適化**は，コード生成の前後あるいは同時に，命令列をより効率的な命令列に変換する．最適化のためには非常に多くの手法が開発されている．プロセッサのもつ機能，多数のレジスタや，パイプライン，並列実行，画面処理機能などを最大限に活かすようなコード生成も重要である．

7.8 ソフトウェア開発

この節の内容は本書の対象範囲外である．ソフトウェアシステムの開発は，適用分野によって，その機能，内容，必要なハードウェア機器，使用環境，ユーザインタフェースなどが異なっていて様々である．しかし開発の過程（process）はかなり共通していることが知られていて，ソフトウェア工学としてまとめられている．ソフトウェアの開発には通常つぎのような段階があるとされる．

(1) 要求分析と記述
(2) 仕様記述
(3) コード記述つまりプログラミング
(4) テスト，保守，改良

第7章の章末問題

7.1 プログラミング言語のランキングは，インターネットで調べると，多数あることがわかる．それぞれ基準も結果も違っているので調べてみなさい．

7.2 二つの整数を入力して，それらの和を計算し，表示するプログラムを二つ以上のプログラミング言語で作成しなさい．

7.3 2のべき乗 $2^a, 1 \leq a \leq 20$ の値の表を，JavaScript プログラムを用いてウェブブラウザ上で実行して作成しなさい．ブラウザがあれば JavaScript 処理系の用意は要らない．

7.4 言語 Python と JavaScript とで，オブジェクト指向の細部の違う点を調べなさい．

コラム：情報専門分野を学習するときの難しさ

どの専門分野でも学習において難しさがそれぞれあるだろうが，情報やコンピュータとその通信の分野においては，難しさの大きな要因としてつぎの三つがあると思う．

(1) 対象が物理的でなく記号列の場合が多いので，直観的な理解や処理がしにくい．

(2) 対象は本質的に階層構造をもち，下位階層がブラックボックス化しやすい．

(3) 先端における変化が急激である．

論理回路，機械命令語，プログラミング，OS 操作，通信プロトコルなど，すべて記号操作である．中心となるプログラミングは，学習に向き不向きの個人差が大きい．各プログラミング言語の想定する人工世界の十全な把握と，その世界の中で記号を組み立てて対象を表現していく力との能力が重要である．

ブラックボックスはコンピュータの分野の必然で，ソフトウェア工学をはじめとして技術はいわばブラックボックス化を目指している．しかし学習上は障害である．OS やコンパイラが典型例だが，ある程度以上のサイズの，実際的・現実的な（玩具でない），質のよいサンプルを学習することをおすすめする．

言語やソフトウェアツールなどの急速な進化に追従することも重要である．新しいハードウェア，ソフトウェアが社会の現場や研究の先端において実際にどのように使用され普及しているかを把握することである．

第8章 データベース

データベースとは，目的や構造を同じくする多量のデータを保存し，これらのデータの検索，追加や削除が容易にできるようにしたものである．個人では住所録が一例である．データを一ヶ所にただ蓄えるだけでは駄目で，必要なデータを素早く取り出したり，データの更新を簡単に矛盾なく行えることが大事である．そのためには，データの表現法，データの管理の仕方，種々の問合せの形（言語），操作の種類，さらにはデータの間の矛盾（一貫性）とその解決法などがテーマである．インターネットの発展に伴って，データがますます大量化，分散化，公共化し，重要になってきている．

8.1 データモデル

データベース（DataBase：DB）とは，ある特定の主題に関する多量のデータを，一定の構造や形式で表現あるいは保存し，さらに，データの検索，追加，削除，その他の操作の機能をもつものである．特にデータ自体以外の管理の部分を**データベース管理システム**（database management system）という．

データモデル（data model）とは，データの相互の配置の，論理的および物理的な規定のことである．階層型データモデル，ネットワーク型データモデル，関係モデル，オブジェクトデータモデルなどがある．ここではリレーショナル（関係）データモデルを紹介する．なお最近，インターネットと関連して，文字列をベースとし実質的には木構造のXMLという表現形式がある．柔軟で通信に向いたデータベースである（8.6 節）．

リレーショナルデータベース（relational database）とは，表（テーブル）いくつかの集まりという形で，データとその間の関係が表現されるものである．コッド（E. F. Codd）（1970）によるリレーショナルデータベースは現在，データベースの主流である．その基本的で重要な考え方を次節から紹介する．

8.2　リレーショナルデータベース

表 8.1 は往年の名作外国映画いくつかにおけるタイトル，監督，出演者を表にしたものである．表の先頭行にある，タイトル，監督，出演といった，各列の内容を表す名称を，**属性**（attribute）という．また，各行が一つ分のデータであるが，これを**レコード**（record）あるいはインスタンスという．

表 8.1　映画のタイトル，監督，出演者（その 1）

タイトル	監督	出演者
黄金狂時代	C. チャップリン	C. チャップリン
戦艦ポチョムキン	C. エイゼンシュテイン	
会議は踊る	E. シャレル	L. ハーヴェイ
大いなる幻影	J. ルノワール	J. ギャバン
駅馬車	J. フォード	J. ウエィン
市民ケーン	O. ウェルズ	O. ウェルズ
カサブランカ	M. カーティス	H. ボガード
天井桟敷の人々	M. カルネ	アルレッティ
第三の男	C. リード	O. ウェルズ
ローマの休日	W. ワイラー	A. ヘプバーン
夏の嵐	L. ヴィスコンティ	A. ヴァリ
道	F. フェリーニ	J. マシーナ
居酒屋	R. クレマン	M. シェル
灰とダイヤモンド	A. ワイダ	Z. ツィブルスキ
ウエスト・サイド物語	R. ワイズ	N. ウッド
かくも長き不在	H. コルピ	A. ヴァリ
マイ・フェア・レディ	G. キューカー	A. ヘプバーン

表 8.2 は，同じ映画の，属性がタイトルと公開年のテーブルである．最終的にはこれら二つのテーブルを合わせて，全体として一つのデータベースとする．

これらの**表**（table）のような，2 次元の表形式で表現されたデータの集まりのことを，**リレーショナルデータ**という．また，この表という形式が，この場合の**データモデル**あるいは**概念スキーマ**である．表つまり同じ形のレコードの集まりは，人間にとって理解しやすく操作もしやすい表現形式である．

表における重要な概念として，テーブルの**キー**（key）というのは，一つの属性でそのキーの値によってレコードが一つに決まるようなものである．場合

表 8.2 映画のタイトル，公開年（その1）

タイトル	公開年
黄金狂時代	1925
戦艦ポチョムキン	1925
会議は踊る	1931
大いなる幻影	1937
駅馬車	1939
市民ケーン	1941
カサブランカ	1942
天井桟敷の人々	1945
第三の男	1949
ローマの休日	1953
夏の嵐	1954
道	1954
居酒屋	1956
灰とダイヤモンド	1957
ウエスト・サイド物語	1961
かくも長き不在	1961
マイ・フェア・レディ	1964

によっては属性が一つでなく二つ以上の属性の組の値を決めることによってレコードが一つに決まり，それでデータの検索や表の種々の操作において十分役に立つこともある．そこでキーについてここで厳密に定義する．

主キー（primary key）は，表において，その値（の組）によって，レコードが一つに定まるような属性，あるいは複数の属性の組のことである．わかりやすい例はいわゆる通し番号である．レコードの検索において主キーの値を用いる．

以上の定義で十分ではあるが，以下でこの定義を拡張あるいは厳密化する．**スーパーキー**（superkey）とは，一つの表に対して複数の属性の組でその値でレコードが一意的に決まるもののことで，どれでもよい．一般のスーパーキーは，レコードを一つに決めるのに無駄な属性を含むのが普通である．属性の数をできるだけ減らして，スーパーキーにおいてそれを決める属性を一つでも省くとレコードが一意的に決まらなくなる（スーパーキーでなくなる）ときに，それを**候補キー**という．いわば属性の集まりとして無駄のないようなキーである．

候補キーは一つの表においていくつかありえるが，その中で一つ選んで使うとき，それが主キーである（主キーの属性の数は一つとは限らない）．しかし現実には，主キーは一つの属性で成り立っている方がもちろん使いやすい．

8.3　表の操作，ジョイン

先の表 8.1，表 8.2 の，はじめの五つのレコードを取り出して表 8.3，表 8.4 とする．これも表に対する一つの操作である．

表 8.3　映画のタイトル，監督，出演者（その 2）

タイトル	監督	出演者
黄金狂時代	チャールズ・チャップリン	チャールズ・チャップリン
戦艦ポチョムキン	セルゲイ・エイゼンシュテイン	——
会議は踊る	エリック・シャレル	リリアン・ハーヴェイ
大いなる幻影	ジャン・ルノワール	ジャン・ギャバン
駅馬車	ジョン・フォード	ジョン・ウエィン

表 8.4　映画のタイトル，公開年（その 2）

タイトル	公開年
黄金狂時代	1925
戦艦ポチョムキン	1925
会議は踊る	1931
大いなる幻影	1937
駅馬車	1939

これらの二つの表を一つの表にまとめることを考える．そのとき，双方のレコードを単に一緒に並べるのではなく，対応するレコードごとに，共通する項目（この場合はタイトル）を重複しないように，一緒にする．結果は表 8.5 のようになり，この操作を元の二つの表の**結合**あるいは**ジョイン**（join）といい，重要な操作である．

表 8.5 表の結合：映画のタイトル，監督，出演者，公開年

タイトル	監督	出演者	公開年
黄金狂時代	C. チャップリン	C. チャップリン	1925
戦艦ポチョムキン	C. エイゼンシュテイン		1925
会議は踊る	E. シャレル	L. ハーヴェイ	1931
大いなる幻影	J. ルノワール	J. ギャバン	1937
駅馬車	J. フォード	J. ウエィン	1939

8.4 正 規 形

使いやすいリレーショナルデータベースとは，いくつかの表それぞれの設計にかかっている．使いやすいとは，内容が理解しやすく，検索しやすく，項目の追加・削除によって内容が全体としておかしくなりにくいことである．現実から意味のあるデータを取り出し，役に立つように表現するには，互いに直接的に関連する属性をいくつか組み合わせて，必要で十分ないくつかの表に構成することである．個々の属性は単純で現実に意味のあるものとする．また表は一つずつ単純な意味と目的をもつことが望ましい．一つの表が二つ以上の意味をもつのはよくない．さらに各テーブルには適切なキーがあることが望ましい．これは，検索の便もあるが，データの更新のときにおかしなことが起こることを防ぐ．これがリレーショナルデータベースの設計である．

表の正規形とは，上記のようなよい条件をもつことで，いくつかの段階の条件がある．望ましいテーブルの形として，第一から第五など，順に厳しく，幾通りかの正規形がある．ここでは比較的わかりやすい**ボイス–コッド正規形**（Boyce-Codd Normal Form）の定義を紹介する．テーブルの属性の間の**関数従属性**（functional dependence）とは，ある属性の組の値によって，別のいくつかの属性の組の値が1通りのレコードだけに決まることをいう．ボイス–コッド（Boyce-Codd）正規形とは，表の中で関数従属性が一つだけ存在して，二つ以上は存在しないことである．候補キーだけがレコードの項目の組を一意に決定することである．つまり単純なテーブルである．

たとえば，表 8.6 は意味が複合的で望ましくなく，いくつかのテーブルに分割すべきである．ここでの関数従属性は，

表 8.6　所有の車と好きな車

氏名	住所	所有する車	製造社 1	好きな車	製造社 2
A	a1	P2	p2	P1	p1
A	a1	P2	p2	P2	p2
B	b1	P6	p6	P3	p3
B	b1	P6	p6	P6	p6
B	b2	P4	p4	P4	p4
C	c1	P1	p1	P1	p1
C	c1	P1	p1	P4	p4
C	c2	P3	p3	P5	p1

$$(氏名, 住所) \rightarrow (所有する車)$$
$$(所有する車) \rightarrow (製造社 1)$$

など複数個あるので，ボイス–コッド正規形ではない．表を分割して，さらにそのうちの二つをまとめることができる．

8.5　質問と更新，SQL

リレーショナルデータベースに対してレコードの内容を問い合わせて有効な情報を得たい．あるいは新項目を追加したり不要な項目を削除したい．そのための標準的な問合せ言語としてSQLがある．

どのような**問合せ**（query）の形があるのだろうか．まず項目の検索は，たとえば

```
select * where R1 = V1 from table1;
```

ここでは表table1の項目のうちで属性R1の値がV1であるものを取り出す．この他にも項目の挿入INSERT，削除DELETE，変更UPDATEなどがある．

データベースの内容を更新する際に，勝手な変更を加えていけばデータの部分的な不足，間違い，データの間の値の矛盾など，データベースの品質は落ちていくかもしれない．データベースの項目の値の間で，一貫して満たすべき条件を満たしていることをデータベースの**一貫性**（integrity）という．

8.6 XML

11.3節のHTMLと似たしかし別の，インターネットに便利なデータ表現として，**XML**がある．HTMLと同じく，タグが文字文書の随所に挿入されたファイルである．ただしXMLでは，タグやその意味を，ユーザが，たとえば分野ごとに随意に決めることができる．データの形式としてのXMLは，データベースとしてデータの保存および検索に使用できる（検索にはタグが有用）．しかし何よりも文字列なので，インターネット上の情報の送受信やデータの処理加工に便利である．

タグの分野ごとの標準化も進展している．たとえば書籍ごとにつけられる書籍情報ISBNは図8.1のようなものである．写真ファイルにも同様にXML形式で，撮影日などの付帯情報の形式が定められている．

```
<BookCatalogue xsi:schemaLocation="http://www. ... ">
  <Book>
    <Title>リレーショナルデータベース入門【第3版】</Title>
    <Author>増永 良文</Author>
    <Date>2017</Date>
    <ISBN>978-4-7819-1390-2</ISBN>
    <Publisher>サイエンス社</Publisher>
  </Book>
  <Book>
    ......
</BookCatalogue>
```

図8.1 XMLによるISBN

第8章の章末問題

8.1 個人の住所録用のデータベース（表の形）を設計しなさい．

8.2 リレーショナルデータベースとXMLとで，長所と欠点とを比較しなさい．

8.3 リレーショナルデータとXMLデータの間の相互変換はどのようにすればよいか，どのような点が難しいかを検討しなさい．

第9章 コンピュータグラフィクス

コンピュータグラフィクス（computer graphics）とは，コンピュータを用いて画像や動画を作成することである．作成される画像によって，2次元グラフィクス（2DCG）と3次元グラフィクス（3DCG）がある．欧米においては単にコンピュータグラフィクスというと3次元グラフィクスをいい，2次元はドローイング（drawing）という．もっとも，最終的に人間の眼に知覚されるのは2次元の画面である．コンピュータグラフィクスは画像，GUI，映画，アニメーション，デザイン，ゲームの基礎となる．映画などにおける技術の急速な進展によって，写真などの実際の画像とほとんど変わらない品質が得られている．

コンピュータグラフィクスの画像生成の中心課題は，対象となる物体の生成と，物体の表面や背景への光の効果の実現である．その際に座標変換の操作がしばしば必要となる．

9.1 2次元グラフィクス

2次元画像作成のツールは，ドロー系とペイント系のツールに大別できる．

ドロー系

ドロー系はベクターイメージのデータを作成する．**ベクターイメージ**（vector image）とは，基本図形として，比較的簡単な，線分，矩形，多角形，円や楕円などから画面を構成する．これらの基本図形を，拡大，縮小，変形して，要素によっては図形内部の塗りつぶし処理をして配置する．つぎに視点からの要素の前後関係を考慮して，見えない部分を隠す処理をする．

これら基本図形から構成された画像は，実際の画面（screen）とするために，クリッピング（clipping）の操作によって全体を画面に区切って，さらにラスタリング（rastering）の操作によって画面の各**画素**（**ピクセル**）を構成し，出力機器に渡す．

画面中の線分や図形を，頂点などのベクタ値として表現するものなので，画面を表現するデータ量が少なくてすむ．CAD もこのドロー系の範囲に入る．

ペイント系

ペイント系は，作成されるデータとしてはラスタイメージであり，画素個々からなる．**ラスタイメージ**（raster image）は，データの画面を，画素の集まりとして捉えるので，そのままの形で表示される．ディジタル化されている写真や映画が例である．

ペイント系ソフトはさらに，写真などの加工をするフォトレタッチや，筆で描くようなペイントグラフィクがある．**フォトレタッチ**（photo retouching）は本来はアナログ写真のときから適用されていたもので，色調やコントラストの部分的な修正のためのツールである．

9.2　3次元グラフィクス

3次元グラフィクスは，基本的には，

(1)　作成した物体の形状（モデル）
(2)　光源の位置と強度など
(3)　視点の位置と向き，投影方法（平行投影あるいは透視投影）などの指定
(4)　画面（スクリーン）の位置と向き

の四つの情報から，最終的に2次元の画像を生成する技術である．これらの情報を3次元空間に配置したものが**シーンレイアウト**である（図 9.1）．

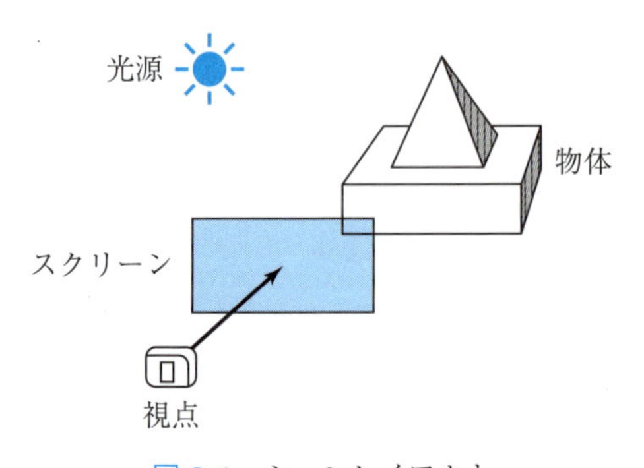

図 9.1　シーンレイアウト

シーンレイアウトに関連する座標としてつぎのものがある．これらの座標系の間の変換が頻繁に必要となる．

- モデリング座標系
- ワールド座標系
- 視点座標系（視点つまりカメラの位置と方向）
- デバイス座標系（スクリーン）

最終的な画面へ向けての手順は一般につぎの4段階からなる．

(1) モデリング
(2) シーンレイアウト設定
(3) レンダリング
(4) 編集・レタッチ

グラフィクスは，作成する画像の違いによってさらに，

- 静止画像
- 時間をかけて作成される映画などの映像
- リアルタイムに作成され視聴されるゲーム画像やナビ画像

に分類できて，作成方法の細部は自ずと違う．

9.3 モデリング

モデリングとは，物体の形を表現するデータを作成するプロセスである．モデルの形によって三つに分類できる．

- ワイヤフレームモデル
- サーフェスモデル
- ソリッドモデル

ワイヤフレームモデルは，物体の立体の辺からなる線集合で物体を表現する．輪郭線であり，透視図や山岳の等高線などが例である．CGの初期（たとえば1978年の映画「スター・ウォーズ」）に用いられた．

サーフェスモデルは，物体の表面を小平面あるいは曲面の「貼りあわせ」として表現する．現在もっとも多く用いられている．

ソリッドモデルは，物体を小部分の基本図形の集まりとして表現する．基本

図形としては，立方体，球，角柱，円柱，角錐，円錐であり，これらを拡大，縮小，変形して組み合わせる．基本図形は2次元の場合よりも種類はむしろ少ない．

9.4 レンダリング

レンダリング（rendering）は，モデリングで得られた物体の形状の表現と，物体表面の質感（texture）を元として，視点と光源を設定した上で，2次元画像を生成することである．

物体の見え方は，物体の表面の材質や色と，物体に当たる光の反射や拡散によって得られるものである．表面に透明な部分があるときは，光は透過あるいは屈折する．また光源も実際には複雑な形や色をもっている．蛍光を発する物体もある．総じて光は複雑な現象である．

このような複雑な状況に対応するには大きな計算時間を必要とする．比較的単純な，つまり計算量の小さくてすむが十分に有効な，フォン（Phong）の反射モデル（1973）が現れた．光としては光源と環境光の二つを考える．環境光（ambient lighting）は平行光線ないし無限遠の光源である．これらが物体にあたって反射光が生じる．反射光としては拡散反射と鏡面反射とを考える（図9.2）．

拡散反射（diffuse reflection）は物体の粗い表面による乱反射である．

鏡面反射（specular reflection）は鏡のように滑らかな上面による反射である．

モデルはつぎの式で表される．

$$I_{\mathrm{ref}} = I_{\mathrm{a}} K_{\mathrm{a}} + I_{\mathrm{in}} K_{\mathrm{d}} \cos\theta + I_{\mathrm{in}} K_{\mathrm{s}} \cos^{n}\alpha$$

右辺の第一項は環境光で，I_{a} は表面の環境光反射係数である．第二項は拡散反射で，I_{in} は入射光，K_{d} は拡散反射係数，角度 θ は表面からの垂線と入射角

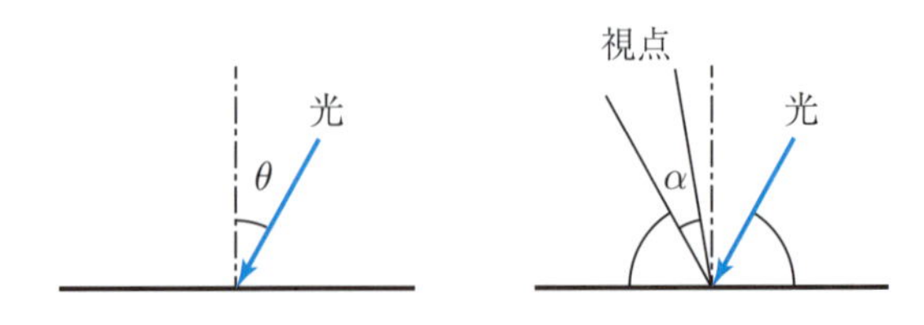

図 9.2　拡散反射と鏡面反射

がなす角度である．第三項は鏡面反射で，K_s は鏡面反射係数，α は入射角が反射していく方向と視点のなす角度であり，n は物性依存である．例として図 9.3 は，第二項の拡散反射だけを適用したもので，球面の立体感が十分に表現されている．

図 9.3 球面の反射

ここでシェイドとシャドウの区別について一言．**シェイド**（shade）は日本語の陰で，物体の表面で光があまりあたらずに暗くなっている部分のこと．**シャドウ**（shadow）は影で，ある物体が光にあたって別の物体の表面や背景に作りだす暗い部分のことである．

コンピュータの計算能力の向上に伴って，レンダリング技術は大幅に向上し多様化している．レンダリングのための技術には，レイトレーシング，ラジオシティなどがある．

レイトレーシング（1979）は，光源追跡ともいい，視点への各画角ごとに，視点に届く光線を逆にたどって，物体の表面の反射の程度，透明度や屈折などを計算することで，画像を描画する．物体の表面の透明度や屈折の程度などを反映することができる．しかしこの説明からわかるようにかなりの計算量を必要とする．近年そのための対応策がいろいろ工夫されている．

ラジオシティ（1984）は，物体相互の複雑な反射によって光源の影の部分にも入り込む柔らかな陰影を表現することができる．物体の全小平面の間の反射の関係を連立方程式で表し，これを解くことで，拡散や相互反射を表現する．

9.5 グラフィクス機器，ツール

入力機器としてスキャナ，ディジタルカメラ，マウス，ペンタブレットなどがある．また3次元入力としてモーションキャプチャなどがある．出力機器は以前はプロッタがあったが，いまはラスタ型の表示機器や印刷機器があり，また3次元プリンタなども広まりつつある．

プロセッサにおいては，レンダリングの作業は画素ごとなどの並列計算が多いため，画像処理専用プロセッサが発達している（NDIVIA 社など）．

第9章の章末問題

9.1 立方体を表面で表現しているときに，視覚によってどのように見えるか，違いを示しなさい．

9.2 手元にある CG ツールの機能を比較しなさい．

第10章 コンピュータネットワークとインターネット

電信・電話などの通信や，ラジオ・テレビ放送が，有線・無線の電気通信技術を用いて150年以上にわたって発達してきた．コンピュータ同士を通信線で結んで，データの送受信や遠隔処理をすることは自然である．企業や大学などの組織内のLAN（Local Area Network，構内ネットワーク）や，ネットワーク同士をさらにつなぐインターネットが目覚ましく発展している．インターネット上の応用システムとして，電子メールやウェブの利用が盛んで，さらにSNSやeコマース（電子商取引）などによって新しくサイバー社会が出現した．

10.1 コンピュータネットワークの概要

コンピュータ同士を結ぶコンピュータネットワークや，ネットワーク同士を結ぶインターネットの技術が急速に発展している（表10.1）．コンピュータ間で大量のデータの高速で正確な通信や遠隔処理を行うことができる．これらを結ぶ有線および無線の高速大容量通信回線の自由化と発達が一つの大きな要素である．最近では携帯電話やスマートフォンの発達と普及も大きい（第5世代移動通信システム（いわゆる5G）の速度は10 Gbps以上，最大20 Gbps程度である）．

表10.1 インターネットの略史

1962年	パケット交換方式の発明
1969年	ARPANET誕生
1973年	イーサネット誕生
1974年	TCP/IP誕生
1984年	DNSの運用開始
1984年	JUNET運用開始
1991年	ウェブ誕生

コンピュータネットワークやインターネットの基本となる中心的な概念は，パケット交換，インターネットアドレスと種々の通信プロトコル，そしてこれらの階層構造である．もっとも重要で代表的なプロトコルはTCP/IPである．

これらの基本的な構造の上に，電子メール，ウェブ，ソーシャルネットワークサービス（SNS），eコマースなどの非常に多くのアプリケーションシステムが現れている．これら応用のそれぞれにおいて通信プロトコルが制定されている．一般に，通信においては規約は数多くなる．

コンピュータ同士のデータのやり取りを実現する仕組みの，基本となる概念はつぎの三つであると考えられる．

(1)　通信方式の階層（レイヤー（layer））構造
(2)　（階層ごとに）フレームの形式，通信プロトコル，アドレス
(3)　（階層ごとに）パケット交換によるデータ通信，中継機器，アドレス変換

(1)については次節（10.2節）で扱う．

(2)のインターネットにおけるアドレスとは，階層ごとに，MACアドレス，IPアドレス，ドメイン名である．パケット通信は電話ではなくて郵便と似ている．データが送信者から受信者へ直通の回線で送られるのではなくて，データがパケットというものに分割された単位ごとに，通信ネットワークのそのときの状況に応じた経路で順に送られていくものである．

(3)の**パケット**（packet）とは，ディジタルデータを決まったサイズのデータに分割し，それにアドレスなどの情報を先頭部分に付加したものである（10.3節のイーサネットフレームの場合は末尾にも情報が付加される）．それを郵便の封書や小包のように送受信し，受信後にデータを再構成する．パケットの先頭のヘッダには，宛先アドレス，シーケンス番号その他の制御情報がつく．決まったサイズのデータを送受信し，そのための情報はパケット自身がもっているので，通信の柔軟な制御を行いやすい．

パケット交換方式における課題は通信経路などの制御である．また階層化によって生じる課題はアドレスの表現の違いに対するアドレス変換の方法であり，何らかの形でアドレス変換表をもつことになる．

なおここではパケットという名称を一般的な説明に用いたが，実際には，パ

ケット（あるいはIPパケット）はネットワーク層（10.3.2項）で用いられ，データリンク層（10.3.1項）ではイーサネットフレーム，トランスポート層（10.3.3項）のTCPプロトコルではセグメント，UDPプロトコルではデータグラムということが多い．

コンピュータネットワークとインターネットの標準化機構と標準化プロセスについて，IETF（Internet Engineering Task Force）はインターネット技術の標準を策定する組織である．インターネットのアドレスの管理はICANN，ウェブの諸規格の標準化についてはW3Cが扱っている．

無線LANの国際標準規格はIEEE802.11である．Wi-Fiは無線LANの規格の一つで，デバイス間の相互接続が決められていることを示している．コンピュータ，スマートフォンだけでなく，家電などともつながる．WiMaxはWi-Fiの広域版である．

標準化プロセスは，まず基準案をいくつかの当事者が提案し，それらについて試行して有効性などを検討し，案を改定しながら投票によってしぼっていく．

10.2 ネットワーク通信の階層

コンピュータ間のデータ通信のために，各種のプロトコルつまり通信規約が定められている．プロトコルは通信における手順を定める．TCP/IPプロトコルは，LAN同士を結ぶインターネットにおいて広く使用されている．

コンピュータのハードウェアやソフトウェアと同様に，ネットワークの通信規約は階層をなす構造として定められている．ある階層のプロトコルが，すぐ下の階層のプロトコルによって実装されているということである．OSI参照モデルやTCP/IP 4階層モデルがある．

OSI参照モデルは7階層からなり，下位から上位へ順に，物理層，データリンク層，ネットワーク層，トランスポート層，セッション層，プレゼンテーション層，アプリケーション層である（表10.2）．物理層は電圧や光のアナログディジタル変換を扱う．

実際には，TCP/IPに関しては，**TCP/IP 4階層モデル**で考えるのが適当である（表10.3）．下位から順に，ネットワークインタフェース層，インターネット層，トランスポート層，アプリケーション層である．

パケットは，上位のパケットをデータとして，下位のパケットが外側から包んでいくという形であり，下位（外側）のヘッダほど頻繁に張り替えられることになる．直接上位のフレームの情報を用いて，下位のフレームの情報を書き換えて中継する（図 10.1）．

表 10.2　OSI 参照モデル

7	アプリケーション層
6	プレゼンテーション層
5	セッション層
4	トランスポート層
3	ネットワーク層
2	データリンク層
1	物理層

表 10.3　TCP/IP 4 階層モデル

5, 6, 7	アプリケーション層
4	トランスポート層
3	インターネット層
2	ネットワークインタフェース層

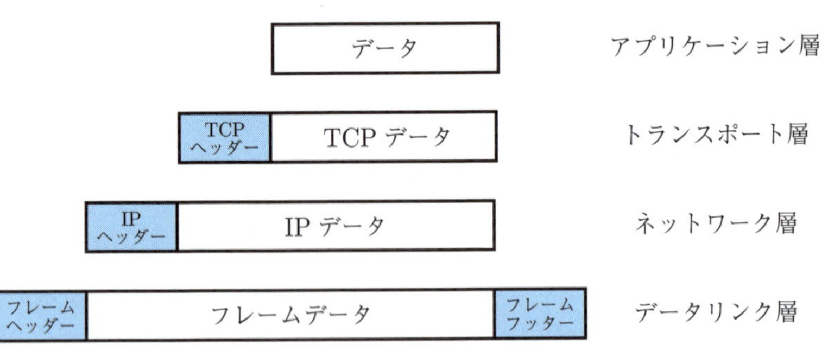

図 10.1　上位と下位のパケット

10.3　データリンク層，ネットワーク層，トランスポート層

10.3.1　データリンク層

データリンク層は，コンピュータ同士の直接の通信を扱う．物理的な通信を扱う物理層を下位にもち，データリンク層はLANケーブルなどの通信路で直接結ばれたホスト間の通信を受け持つ．LANとはLocal Area Networkのことで，通常はある組織内で共通の利用でまとまったコンピュータネットワークである．インターネットの大きな観点からLANをセグメントともいう．10 Mbpsよりも速く10 Gbps程度の高速通信で，ホスト間が互いに通信可能な，バス型（一本の通信線に各ホストがつながっているという形）であると想定される．LANの代表例はイーサネットである．

イーサネット（Ethernet）ではUTPケーブルや光ファイバを用いて，PCやルータなどのネットワーク機器をスイッチングハブを用いて接続する．UTPケーブルは全二重通信（Full Duplex）を行う．

ローカルエリアネットワークで用いられるイーサネットプロトコルではパケット交換で通信が行われる．パケットを**イーサネットフレーム**といい，データはフレームの単位で運ばれる（図 10.2）．フレームのサイズの最大長は1518バイトである．

ネットワーク上の各機器は**MACアドレス**（Media Access Control）と呼ばれる48ビットのアドレスを持ち，MACアドレスは機器ごとにあらかじめ与えられている．スイッチ（スイッチングハブ）はLANの中で，MACアドレステーブルをもっていて，セグメント内でパケットの送受信を扱う．

6バイト	6バイト		45〜1500バイト	4バイト
宛先MAC アドレス	送信元MAC アドレス	タイプ	データ	

図 10.2　イーサネットフレーム

10.3.2　ネットワーク層

隣接する二つのLANでのホスト間の通信は，ルータ（router）を介して行うが，そこでは**IP**（**インターネットプロトコル**）を用いる．これはIPアドレスとMACアドレスの間のアドレス変換も受けもつ．一つ上位のトランスポート層にはTCPやUDPのプロトコルがあるが，一段階下位のIPはネットワーク層において唯一のプロトコルであり，インターネットにおいて基本的なプロトコルと言える．一方，IPはTCPやUDPとともに開発されたもので，互いに密接な関係にある．

IPv4において各ホストは自己識別のために32ビットのIPアドレスをもつ．その形式はA, B, C, D, Eの五つのクラスにわかれている（図10.3）．クラスA, B, Cはいずれも，前半がネットワークアドレス（ネットワーク識別番号），後半がホストアドレス（ホスト識別番号）で，クラスの違いは収容できるホス

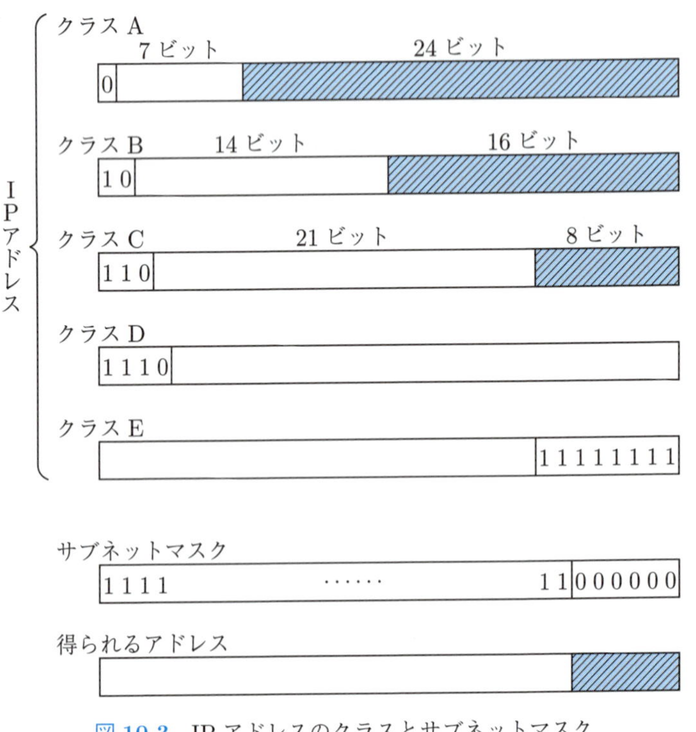

図10.3　IPアドレスのクラスとサブネットマスク

トの数である．クラスDはマルチキャスト用，クラスEはブロードキャストあるいは将来のための予約用である．

クラスA, B, Cは一つのネットワークにおける可能なホスト数が固定なので，この3種類では融通がきかない．実際には**サブネットマスク**という方式が用いられる．この場合のアドレスは，上位ビットがネットワークアドレス，残りの下位ビットがホストアドレスであるが，これらのサイズ（ビット数）は32ビットのサブネットマスクで指定する．これはネットワークアドレスにあたるビットに1が並び，ホストアドレスにあたるビットに0が並ぶ．これによって様々な大きさ（ホスト数）のネットワークに柔軟に対応できる．

この層におけるパケットは**IPデータグラム**と呼ばれる（図**10.4**）．IPパケットのヘッダは20バイトから24バイトで，送信先の宛名はIPアドレスである．

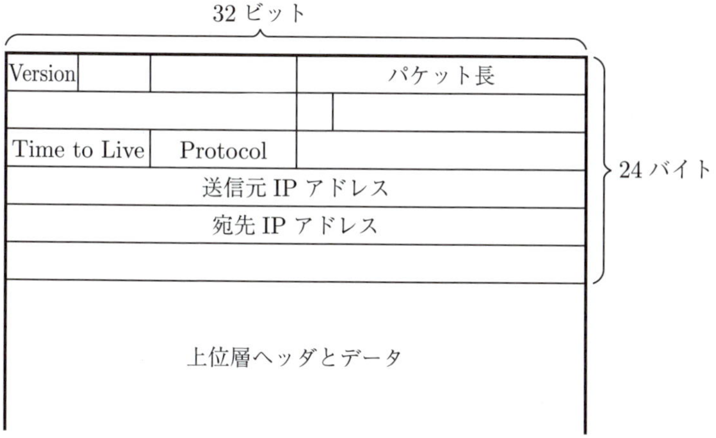

32ビット

Version			パケット長
Time to Live	Protocol		
送信元IPアドレス			
宛先IPアドレス			
上位層ヘッダとデータ			

24バイト

図**10.4**　IPデータグラム

IPデータグラムの主な項目だけを説明する．

- TTL（Time to Live）は8ビットで，秒数あるいはホップ数であるが，実際にはホップ数として扱われている．IPデータグラムがルータを経由する度にその値が1だけ減少し，0になったときそのルータにおいて破棄される．データグラムが転送される範囲（ホップ数）を決めることができる．
- Protocolは，トランスポート層のプロトコルの種類，つまりTCPかUDPを示す．

- 送信ホストIPアドレス，および受信ホストIPアドレスは，その名前のとおりであり，重要なデータである．
- ヘッダ以降の情報の部分は，上位のトランスポート層におけるパケットである．

このプロトコルはIPパケットの交換を扱う．ルータはこの層の中継機器であり，異なる仕様のネットワークをまたいで通信する．同じセグメント内では送信先IPアドレスをブロードキャストしてそれからのリターンによって送信先MACアドレスを得る．

ルータは異なるネットワークを接続し，パケットを中継する．ルータはルーティングテーブルに従って転送する．IPアドレスに対してどのポートへ転送するかを示している．

パケットをルータを介して隣のLANをどのように選んで送るか，これを**ルーティング** (routing, 経路選択) といって，そのアルゴリズムは重要である．ルータはいくつかのホストを結び，またルータ同士が直接つながっている．そのつながりを**ルーティングテーブル**という表の形でルータはもっている．IPアドレスについてネットワーク上に分散している表である．データグラムの転送は，ホストからルータへ，さらに表にあるホストやルータを介して隣へ送られ，目的のホストに到達する．宛先のホストが表にない場合は，デフォルトのゲートウェイ宛てに送出する．

ルーティングテーブルの中の隣接ルータの項目や (ホップ数など) 選択のためのコストはつねに更新される．そのために，分散型ベルマン–フォード (Bellman-Ford) アルゴリズムが用いられる．

10.3.3 トランスポート層

トランスポート層にはプロトコルとして**TCP** (Transport Control Protocol) と**UDP** (User Datagram Protocol) がある．

TCPパケットのヘッダは20から24バイトである (図**10.5**)．TCPプロトコルでは，送受信の両側の間にコネクションと呼ばれる仮想的な専用線を確保する．そこでは，データの送信の順序，紛失のないこと，変更のないことが保証される．このために受信側は受け取りの確認応答をする．また確認応答が遅い場合は送信側はデータの再送を行う．送信が受信に比べて速過ぎるときは，

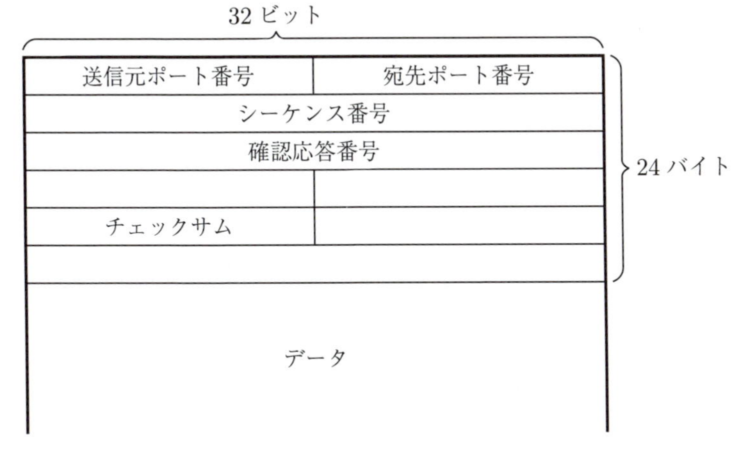

図 10.5　TCP データグラム

フロー制御といって，送信側に通知して送る速さを遅らせる．このようにして TCP は通信の正確さを保証し，速度を調整する．

UDP プロトコルは，少しはエラーを含んでもよい（粗い画像など）簡単な通信やリアルタイム通信に用いられる．TCP 通信のような信頼性の確保は要求されていない．

同じホストにおいて通信を行うプログラムを通信上で区別するために，**ポート番号**がある．これは 16 ビットの数値で，0 から 65535 である．そのうちで，0 から 1023 までを**ウェルノウンポート**といって，サーバの待ち受けのためのデフォルトポート番号として予約されている（表 10.4）．クライアント側のポート番号はどこでもかまわないし，サーバ側も別の番号を使うことは差し支えない．それ以降の番号は，1024 から 49151 までは登録済み番号で，49152 から 65535 はユーザが自由に使用してよい．

表 10.4 ウェルノウンポート

20	FTP data
21	FTP control
22	SSH
23	Telnet
25	SMTP
53	DNS
80	HTTP
110	POP3
123	NTP
137	NetBIOS UDP
138	NetBIOS UDP
139	NetBIOS TCP
143	IMAP4
443	HTTPS
631	CUPS

10.4 アプリケーション層: ドメイン名, クライアントサーバシステム

アプリケーション層では，FTP, SMTP, HTTP など，数多くのネットワークアプリケーションが TCP や UDP によって実現されている．またアプリケーションごとにプロトコルが規定され，それらは文字（テキスト）で表現されることが多い．

ホスト名，ドメイン名，DNS

ホスト名は，コンピュータやプリンタ，ストレージなど，インターネット上の機器へのわかりやすい名称である．それらの IP アドレスは数値で表現されていて，人間にはわかりにくい．

ドメイン名を代わりに指定することができる．ドメイン名は，ホスト名を先頭として，ドメイン名やサブドメイン名を，ドットをはさんで表現したものである．人間にはわかりやすいインターネット上のアドレスである．ICANN がドメイン名を管理して，アドレスの唯一であることを保証している．

`https://ja.wikipedia.org`

これはウィキペディアのメインページで，wikipedia.org がドメイン名である．トップレベルドメインは org, com, jp などである．

インターネット上でメールやウェブの送信が，ドメイン名によって指定された受信先アドレスに到達するには，インターネット上の各所に存在する DNS サーバがその役割を果たす．**DNS**（Domain Name System）は，ドメイン名に対して，対応する IP アドレスを示す表を維持している．DNS サーバは，メールの宛先やウェブサイトのドメイン名による指定において，最上位ドメイン名から順にドメイン名を示す表のサーバのなす木構造の，インターネット上での分散データベースを構成している．その中で最上位から順にドメイン名をたどって IP アドレスを探す．以上の意味での DNS を DNS コンテントサーバという．

しかしこれだけでは負荷が高くて効率が悪いので，DNS はそれまでに得られた情報をキャッシュとして提供する．この役割を DNS キャッシュサーバという．つまり得られた IP アドレスがその DNS サーバにおいて未知の場合は，隣の DNS サーバにさらに問い合わせていくことで，目的の IP アドレスのホストに達することができる．

ソケット

ソケット（socket）は Unix BSD オペレーティングシステムで 1982 年に生まれた，特殊ファイルというべきものである．ソケットは，TCP や UDP を使って，ネットワークアプリケーションのソフトウェア作成のために基本的でよく用いられている（元は言語 C 上の）プログラム上の概念である．

プログラムとしてはまず，通信を行いたい離れた二つのコンピュータのそれぞれにソケットを用意（生成）する．IP アドレスとポート番号との対をソケットに与えて，これによって相手を指定し通信することができる（図 10.6）．

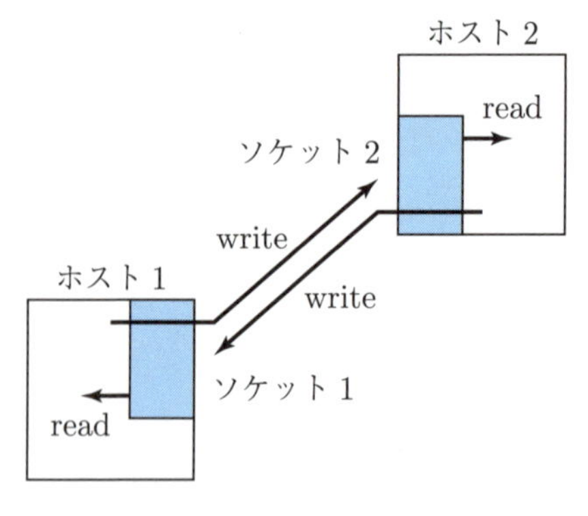

図 10.6　ソケット

クライアントサーバシステム

クライアントサーバシステムとは図 10.7 のように，ネットワーク上でサーバを中心としてクライアントのホストが星形に配置しているような，ネットワークやインターネット上のシステムである．クライアントがサーバに対して何らかのリクエストによって仕事を依頼し，サーバはこのリクエストを受け付けて，その結果をクライアントに返す．このような形で仕事を行うシステムである．

電子メール，ウェブや多くのインターネット上のアプリケーションがこの形をしている．この星形の構成は通信の効率がよいが，サーバに負担がかかりやすい．

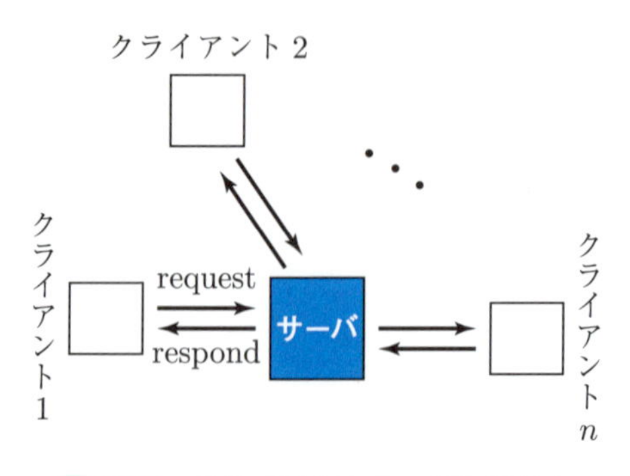

図 10.7　クライアントサーバシステム

10.5 電子メール

ホスト間でファイルを送受信するための FTP（File Transfer Protocol）と並んで，**電子メール**システムはコンピュータネットワークの初期の 1970 年頃から実用化されていた，インターネットにおいてもっとも古い機能である．現在もその変形をも含めて，ウェブと並んで大いに実用されている．

メッセージは，送り先をメールアドレスによって指定して送信する．メッセージは本来はテキストデータであるが，添付ファイルとして任意の形式のファイルを（音声や画像，動画さえ）送ることができる．ファイルの形式の区別と指定のために **MIME**（Multipurpose Internet Mail Extensions）がある．例として，

```
Content-Type: text/plain; charset=utf-8
```

その他につぎのような例がある．

```
text/html,   image/jpeg,   image/png
```

添付ファイルは，**BASE64** という形式の，印字可能な ASCII 文字からなるテキストデータに変換して送る．サイズが元のファイルから 3 割ほど増える．

メッセージの送り方は，送信者から受信者へ直接に送られるわけではなく，途中のメールサーバをいくつか経て送られる（図 10.8）．送信のプロトコルは SMTP (Simple Mail Transport Protocol) である．受信のプロトコルは POP3 (Post Office Protocol) や IMAP4 があり，後者は自分の身近のメールサーバから自分宛てのメッセージを閲覧し管理するプロトコルである．

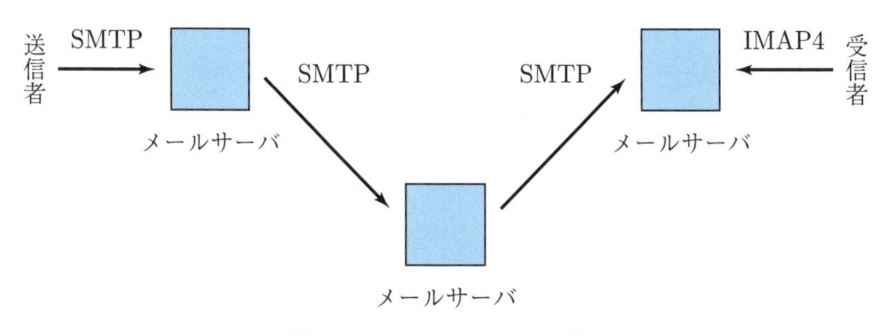

図 10.8　メッセージの送受信

10.6 クラウド

クラウド（cloud）とはインターネット上の雲である．この雲は実際には遠隔のデータセンターなどで，コンピュータにおける種々の操作を，手元のコンピュータやスマートフォンで行うのではなくて，遠隔のコンピュータ上で（あたかも手元のコンピュータで行っているがごとく）行うものである．使用目的は，データベース，ストレージ，コンピューティング，メールなどの応用システム，あるいは独立した1個のハードウェアやプラットフォーム（オペレーティングシステムとその環境）でもよい．クラウドを用いると，手元のコンピュータは機能として軽量のもので十分で，また保守の必要が減り，コストを低減できる．クラウドの分類としてつぎのものがある．

- IaaS (Infrastructure as a Service)：ネットワーク機能を含むコンピュータシステムの仮想化で，ユーザが好みの構成を実現し使用できる．
- PaaS (Platform as a Service)：選択するオペレーティング・システムやミドルウェアのネット上の実現で，その環境の元でのソフトウェアの開発をしやすい．
- SaaS (Software as a Service)：アプリケーションを手元でなくネット上に置くことで，データの共用やデータ容量を増やすことが可能である．

第10章の章末問題

10.1　テキストファイルの通信について，いわゆる文字化けが起きた場合に，その具体的な原因を調べなさい．

10.2　TCPにおける経路制御アルゴリズムについて調べなさい．

10.3　ドメイン名におけるトップレベルドメインにはどのようなものがあるか調べなさい．

10.4　DNSの構成について調べなさい．

10.5　電子メッセージのソースを見て，電子メールのプロトコルを調べなさい．

10.6　MIMEについて，どのようなファイル形式が分類されているのかを調べなさい．

10.7　各社のクラウドサービスについて，それぞれの特長を調べなさい．

第11章 ウェブ

ウェブ（The Web, The World Wide Web：WWW）は現在，インターネットに対して標準的に使われているシステムである．パソコンやスマートフォン上のブラウザを通して遠隔のウェブアプリケーションにアクセスし使用するのは，今や普通のこととなった．インターネット上の遠隔アプリケーションは，ユーザから直接アクセスし利用するものもスマートフォン上では多いが，ウェブアプリケーションとしてブラウザを介してアクセスするものも非常に多い．ウェブは単なる応用システムというよりも，インターネット上のデータやアプリケーションを操作するための基盤（platform）といえる．同様にウェブサービスは人間のリクエストからでなくコンピュータからの自動的なリクエストに対応するウェブアプリケーションである．

アプリケーションの人間にとって見やすく使いやすい画面，つまりヒューマンインタフェース（HCI）はウェブを舞台として大いに発達している．本書では扱わないが重要な話題である．

ここではウェブシステム，これを実現するための技術の基礎を紹介する．またこのようなインターネットやウェブによって開かれつつあるサイバー社会，つまりソーシャルメディア，集合知，ウェブのネットワーク理論などについても見ていく．

11.1 ウェブアプリケーション，ブラウザ，ウェブサーバ

ウェブブラウザを開き，ウェブページのアドレス（URL）を指定すると，遠隔にあるデータがウェブページとして現れる．ブラウザ上のページは，画像，動画や音声も含む，多様な情報を提供してくれる．さらに，そのページの画面を操作して，商品を注文したり，旅行の予約をしたり，遠隔の仕事をブラウザから済ませることが可能になる．また本来別の通信システムである電子メールも，ウェブメールといってウェブ上のメールシステムとして使用されるものがある．

このように便利なウェブシステムは，どのような仕組みと技術から成り立って

いるのだろうか．**ウェブ**は1990年代はじめに現れた．ウェブシステムは，**ウェブサーバ**（web server），その上に置かれた種々の**ウェブアプリケーション**（web application），そして ユーザ側の**ウェブブラウザ**（web browser）の三者からなる．クライアントサーバシステム（10.4節）の一種で，ブラウザがクライアントである．ウェブサーバの上に複数のウェブアプリケーションが動作している（図 **11.1**）．

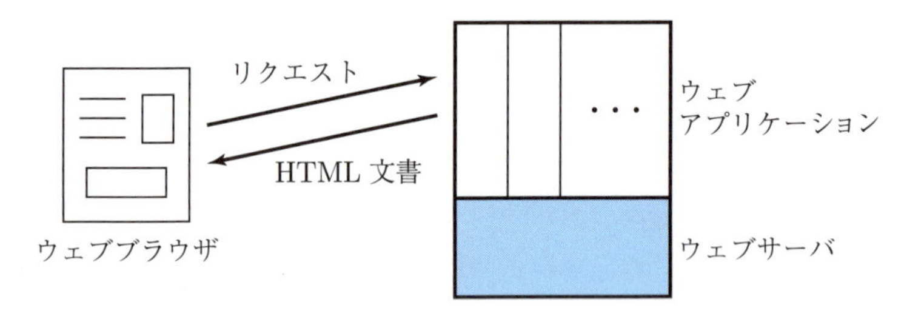

図 **11.1**　ウェブブラウザとウェブサーバ，ウェブアプリケーション

URL（Uniform Resource Locator）は，10.5節でもふれたが，たとえば

```
http://ja.wikipedia.org
```

のように，ウェブサーバ上の情報（リソース，情報資源）の場所（アドレス）を指定する．一般形は

```
http://user:password@host:port/url-path
```

ユーザは，パソコン上のブラウザからウェブサーバへURLの示すウェブページをリクエストして，サーバからそのページのHTML文書を得て，それをブラウザ上で画面として構成して（rendering），閲覧する．HTTP（HyperText Transfer Protocol）はこのクライアントとウェブサーバとの間のプロトコル（通信規約）で，これはテキストデータである．ブラウザのソフトウェアには，Firefox, Google Chrome, Internet Explorer, Microsoft Edge, Opera, Safariなどがある．ウェブサーバとしては，Apache, nginxや，Microsoft社のIIS（Internet Information Server）が用いられている．

11.2 HTML

HTML (HyperText Markup Language) はウェブページを記述するための言語である．ハイパーテキストとは，テキストの関連する場所がリンクによって結ばれて，そこへジャンプできるような文書である．マークアップとは，通常の文書の間に，種々の機能をもつタグと呼ばれる印を入れたものである．HTML の規格は 1996 年から W3C によって扱われている．W3C というコンソーシアム（World Wide Web Consortium）は，団体および個人が参加し，ウェブに関する各種の規格を作成，審議，決定する民間団体である．HTML に関しては，バーナーズ=リー（T. J. Berners-Lee）の素案が 1990 年で，1997 年に HTML 4.0 が制定され，仕様は長い間 1999 年からの HTML 4.01 であったが，2014 年に **HTML5** が勧告され，ブラウザもそれに対応している．

HTML 文書の例をあげる（図 11.2）．カッコ < と > で囲まれたものがタグで，それ以外の部分が画面に表示される文字である．アンカータグ <a> は別のページへのジャンプを表す．

```
<!DOCTYPE html>
<html lang="ja">
  <head>
    <meta charset="utf-8">
    <title>Example</title>
  </head>
  <body>
    <div>
      <a href="https://ja.wikipedia.org/">wikipedia</a>
    </div>
  </body>
</html>
```

図 11.2 簡単な HTML 文書

要素は一般には，開始タグ，要素の本文，終了タグの順に並んだものである．開始タグの中に，属性と呼ばれるパラメータをもつことがある．

HTML5 はコンテントモデルと称して，各要素に対してその示す内容を明示している．要素の分類はつぎの通りで，いくつかの例も示す．

(1) メタデータコンテント

他のコンテントの表現や動作を示す，あるいは他文書との関係を示す．

link, meta, script, style, title

(2) フロウコンテント

メタデータとその他のすべての要素はこれに含まれる．

(3) セクションコンテント

文書のヘッダとフッタの範囲を示す．

article, section

(4) ヘッドコンテント

ヘッダを示す．

h1, h6

(5) フレーズコンテント

テキストやその修飾を示し，パラグラフの内部である．

a, audio, br, canvas, em, embed, img, input, output, script, textarea, video

(6) 組入れコンテント

他から当文書に持ち込まれるコンテントである．

audio, embed, math, object, video

(7) インタラクティブコンテント

ユーザとのやり取りのコンテントである．

a, audio, button, input, video

ページを構成する要素が順に並べられる．一般に，見出しや段落，リスト，表，フォームなどである．基本となる要素はフレーズコンテントで，テキスト，強調，リンク，画像，フォームの入力項目などである．body 要素の属性としてイベント属性があり，イベントとはマウスのクリックなどの事象を表す．

HTML5 では，いくつかの新しい機能が用意される．audio タグ，canvas タグ，video タグでは，音声，画像，ビデオ（映像）のより柔軟な操作が可能である．入力フォームでは多数の強力な種類が新しく入った．システム操作の機能では，ローカルストレッジ，ジオロケーション，ウェブソケット通信がある．

タグは機能として挙げるとつぎのようにも分類できる．

(1) 文章の構造を表す．文章を要素でまとめてブラウザ上の表示をわかりやすくする．見出しや段落などである．
(2) 他のページへ飛ぶ．これをハイパーリンクという．
(3) リストや表を表示する．
(4) 音声，画像，映像などのマルチメディアデータを示す．
(5) ブラウザからのデータ入力用の，ボタンや記入フォームなどを表示し，入力を受け入れて入力データとしてサーバへ送る．これをフォーム（form）という．
(6) ページ中のスクリプトつまりプログラムの動作によって，動的なページを実現する（11.3 節）．

文字の字体・大きさ，文字や背景のカラー，文書内の図や表のレイアウトなどは実質的な内容とは直接の関係がないが，文書の表現として効果が大きい．これらは HTML 言語のタグのパラメータ（属性）としても表現できるが，内容を表す文書とは分離して，これらの指定を別のファイルにすることが推奨されている．これを**スタイルシート**（Cascading Style Sheets：**CSS**）という．規格としては CSS2 が使用されていたが，CSS3 も使用可能となってきている（図 **11.3**）．

レイアウト（layout）つまり文章や写真などの画面上の配置については，基本は単純に，横方向へ 1 行が埋まるまで並べてから改行するというものであり，まとまりとしては単に縦方向に並べていく．他にも，CSS3 では，グリッド方式や，二段組，三段組など，細かく多彩なレイアウトの方式が可能である．

```
body {
        background: #333333;
        color: #0000EE;
    }
```

図 **11.3** CSS 文書

以上の HTML や CSS を用いてウェブサイトを構築する．その際の一般的な手順はつぎのようで，一般のソフトウェア開発の手順と似ている．

(1) ウェブサイトの目的，テーマの設定．
(2) 全体構成のプラン，ページの分割，ページのリンクの構成．

(3) 画面の共通デザイン，画面構成はページ間でできるだけ共通にするのがよい．

(4) 画面の共通配色．画面中の使用カラーはページ間でできるだけ共通にするのがよい．

(5) 個々のページの作成．

(6) ブラウザの版の違いへの対処．

(7) 検証，テスト．

ウェブページを容易に製作するためのソフトウェアとしては CMS（Content Management System）がある．

音楽，音声，動画に対しては，**ストリーミング**（streaming）というマルチメディアデータの送り方がある．これはデータが送られてくると同時に再生していくもので，送られたデータは残らない．プロトコルは HTTP を元にした RTSP（通信速度はたとえば1.5 Mbps）があり，これのプレイヤはブラウザにプラグインして用いる．

11.3 動的なウェブ

最初期のウェブシステムは単に，ブラウザからリクエストをウェブサーバへ発信して，指定されたページのデータがブラウザに表示されるだけだった．しかし実際のウェブシステムは進化して，ページは単なるデータではなくプログラムやイベント処理が含まれている．

ウェブデータ中のプログラムは，ウェブサーバ上で実行されるものと，クライアントのブラウザ上で実行されるものとがある．前者は 11.4 節で見ることにして，この節ではブラウザで実行されるものを見る．図 11.4 は HTML 文書の中に，言語 JavaScript を script タグで埋め込んだものである．

このプログラムではウェブサーバからブラウザへ送られて，文書がブラウザにロードされた最初の時点で実行される．このページは，入力者が身長と体重を入れて，その BMI（Body Mass Index）の値を画面上に出すものである．このプログラムのポイントは，出力の BMI 値のブラウザ画面上の位置（bmi-pos と名付けた）である span タグと，プログラム中でその位置を示す elt を，関数 getElementById で結びつけることである．

```
<!DOCTYPE html>
<html lang="ja">
<head>
<meta charset="utf-8">
<title> Hikita education site in Meiji </title>
<!--  2019 March 4  -->
<basefont size=1>
<script type="text/javascript">
function compute_bmi() {
  let height;  let weight;  let bmi;
  let elt = document.getElementById("bmi_pos");
  height = prompt("身長 [cm]");  weight = prompt("体重 [kg]");
  bmi = weight / ((height/100) * (height/100));
  elt.innerHTML = bmi;
}
document.addEventListener("DOMContentLoaded", compute_bmi);
</script>
</head>
<body bgcolor="#f0ffff">
<h5> BMI : hikita education site </h5>
<br> BMI の標準範囲： 18.5 - 25.0 <br> <br> <br>
<span id="bmi_pos"> </span>
</body>
</html>
```

図 11.4 動的な HTML 文書

HTML で表現されるウェブページは，プログラムで扱うために，ブラウザ上ではタグのなす構文木に対応する DOM 木として表現されている．DOM 木はライブラリ DOM API によって操作・変更できる．

11.4 HTTP

HTTP (HyperText Transfer Protocol) はウェブシステムのブラウザとウェブサーバとの間のプロトコルである．ウェブは TCP プロトコルによって動作する CS システムである．バーナーズ=リー（T. J. Berners-Lee）が 1990 年に，

HTMLと同じく，HTTPとURLの最初の案を提示した．HTTP/1.1（1999年）が長らく使われていたが，HTTP/2（2015年）が現れた．またセキュリティの点から，暗号を通信に用いたHTTPSが最近は主流になりつつある．

HTTPのコマンドのうちでは，つぎの二つがよく用いられる．

- GET メソッド HTMLデータを要求する．
- POST メソッド ファイルをサーバへ送る．

図11.5はブラウザがウェブサーバのファイルを要求するプロトコルの例である．

```
GET/index.html HTTP/1.1
Host: www.example.com
```

図11.5 HTTPプロトコル例

サーバ側で動作するようなウェブページとしては，CGIやSSIがある．CGI（Common Gateway Interface）においては，URLに対して対応するプログラムが呼ばれる．言語はC, PHP, Perlなどが多かった．サーバがプログラムを呼んで結果として得られるHTML文書をクライアントに返す．CGIプログラムへの入力データは，HTMLフォームからGETのパラメータとして入力，あるいはPOSTで標準入力として受け取る．その他の言語として，Python, Ruby, ASP, JSP, Javaサーブレットなどがある．

HTTPに関連してcookieという機能がある．HTTPは原則的にはリクエストとそのレスポンスの1回ごとに通信は終了するが，サーバはその結果を内部に残さない．これは場合によっては不便なので，リクエストの継続を残すために，結果をブラウザに残すことができる．この機能を用いると，ユーザの識別や，ユーザの一連の操作（sessionという）を維持することが可能になる．

11.5 ウェブサーチ，レコメンデーション

インターネット上のウェブのデータは，12億以上のウェブサイト，ページとしては数兆ページ以上であると言われている．またウェブ以外のデータがインターネット上にはこれ以上にあることを忘れてはならない．これら膨大な量のウェブデータの中から，自分の見たいページを探し出す，サーチの操作は非常に重要である．**ウェブサーチ**はどのように行っているのだろうか．

以前から図書館において書籍を探し出す**情報検索**, IR (Information Retrieval) が発達していて，これはウェブ検索とは似た操作である．どちらも通常は，いわゆるキーワード検索を用いる．いくつかの単語を指定して，それらのいくつか，あるいは全部を含む書籍や雑誌，文献を見つけてもらうというものである．

検索において，あるキーワードを投入して得られた結果の項目集合を R，正しい項目集合を P として，**再現度**（recall）と**適合度**（precision）の定義はそれぞれ，図 **11.6** のように，

$$recall = \frac{|\,P \cap R\,|}{|\,P\,|},$$

$$precision = \frac{|\,P \cap R\,|}{|\,R\,|}$$

これらは 0 と 1 の間の値で，1 に近いことが望ましい．

ウェブ検索においては，IR と違って，検索語が簡単で短いことが多く，結果として得られる集合 R は大きい．正確な内容のページを求めるよりも，重要なページを求められている．さらに，結果を表示する際に，ページの表示の順序が重要である．

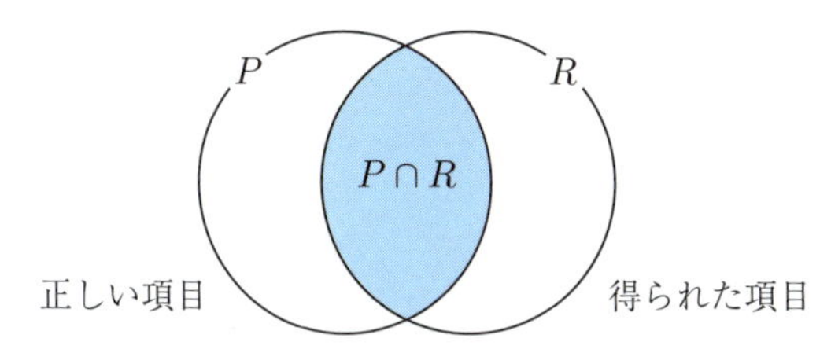

図 **11.6**　適合度と再現度

検索エンジン（search engine）は，キーワードいくつかを含むウェブ文書をネットワーク上から探し出すものである．キーワードには論理演算 and と or などを含む．人手のインデックスによる検索は少なくなった．あらかじめウェブのリンクを自動でたどってウェブページを得て（crawling），得られたページにキーワードごとに index を付けて，これらをデータベースとする．

ウェブ検索では得られた結果のページの表示順が重要だが，そのための手法として Google 社の **PageRank**（1998）によるものが有名である．PageRank とは，Google の検索において，

「重要度の高いページは，他の重要度の高いページから，
より多くのリンクを張られたものである」

という考え方を数値化し，連立線形方程式としてこれを解いて，重要度の数値を得るものである．実際のいわゆるグーグル検索ではこれ以外にも同時に数十の手法を用いているそうである．

最近は検索の手法も範囲も多様化している．また検索に連動した広告によって検索サイトは収入を得ている．

推薦システム（recommender system）は，検索よりも漠然とした，ユーザの興味や好みから適切な項目を返すものである．手法は大別して，コンテンツからと，協調フィルタリングがある．後者は好みの似た他者の実際に選んだ項目を推薦するというものである．ユーザの情報としては，暗黙のものと，ユーザに問い合わせて得られるものとがある．推薦システムも具体的な手法や適用範囲は多様化している．

11.6　ソーシャルメディア

インターネット上での情報交換が急速に発展している．ニュース，意見，感想，広告，対話，討論，知識，学習，データとその集約，政治，経営，経済など，社会のあらゆる情報交換の面にわたっている．その特徴は

- 多量，高速の情報交換
- 情報のコピー，加工，拡張が容易なこと
- 双方向性
- 実時間性，同時性
- 非地域性，グローバル性

それゆえこれまでの社会とは異なる，サイバー社会が出現した．

このサイバー社会を具体的に実現するアプリケーションシステムとして，ブログ，ツイッター，**SNS**（Social Network Service），ウィキペディアなどがある．

ブログ（blog）は，個人からのニュース，意見，感想，広告などを表示できて，さらにこれを他のブログやデータとリンクできる．名称はウェブログ（Web log）からである．トラックバック（trackback）はブログの機能で，他人のブ

ログから自分のブログへのリンクのこと，あるいはそのようなリンクを張ること．通常のHTMLにおけるアンカーリンクとは逆の方向である．

ツイッター（Twitter, 2006–）は，半角文字280字（全角文字140字）以内（と画像，動画）のメッセージを公開で発信できる．他のユーザはメッセージをあるテーマ（キーワード，ハッシュタグ）でタイムラインに沿って読むことや反応することができる．ニュースの機能とSNSの機能を併せもつ．また同時的でもあり非同時的でもある．災害の際の通信手段として大きな役割を演じた．

フェイスブック（Facebook, 2004–）のようなSNSのもつ機能としては，プロフィール，ブログ，メッセージ交換，メッセージのタイムライン整理，ユーザ検索，ユーザグループ（コミュニティ）などがある．

インスタグラム（Instagram, 2010–）は，写真を主とするSNSである．

11.7 集合知，スモールワールド現象，ネットワーク効果

前節のソーシャルメディアの発展によって，サイバー社会と呼ばれる新しい社会が出現した．この社会の特徴や構造は興味深く，様々な観点から調べられている．

集合知（collective, collaborative knowledge）とは多数の人の知識や情報が集まったもので，結果として新たな一つの知識や情報を得るものである．たとえば，商品のいわゆる市場（マーケット）は，参加各人の売買の行動が結果として妥当な市場価額を得る．インターネット上において集合知をもたらす様々なサイトができている．ウィキペディアはインターネット上の百科事典として，多数が執筆し加筆訂正する場を提供している．災害時においてインターネットは情報の提供に大きな役割を果たすことが知られている．

ネットワーク理論とは，交通網，電気水道網，人間の交友関係，血縁地縁関係などの，ネットワークとしての考察である．インターネットやウェブのネットワークつまりグラフとしての考察も興味深く，いくつかの事実を紹介する．

インターネットの「形」に対しての知見の一つとして，**べき乗則**（power law）は，ある種の値の分布に関する経験的な法則である．ウェブのホストとリンクのなすグラフにおいて，ノードの入力リンクの数をpとすると，そのようなリ

ンク数をもつノードの数の分布はおよそ $cp^{-\alpha}$ であるというものである．ここで $\alpha \approx 2.2$ 程度．PageRank もこのような分布であることが知られている．

またスモールワールド現象とは，ネットワークをどのノードから辺をたどっても，少ない回数で別のどのノードへも達することができるということである．巨大なインターネットでも，人間の知り合いと同様に，うまくいけばごく少ない回数ですむ．

またインターネットの社会的，経済的な面として，情報カスケードとは，最初の行動を見て，次の人が真似をする，これが次々と繰り返されるということである．またネットワーク効果とは，製品やサービスの価値が利用者数に依存することで，電話網が古典的な例である．これらは，インターネットの高速・リアルタイムで大規模であることから，大きな影響をもつものとして知られている．

第11章の章末問題

11.1 自分の興味あるページを作成しなさい．

11.2 CMS の機能について調べなさい．

11.3 クッキーについてセキュリティの点から詳しく調べなさい．

11.4 各種の SNS の機能の差について調べなさい．

11.5 ウェブの成長の具体的な形を考察しなさい．

コラム：人工知能

人工知能（Artificial Inteligence：**A.I.**）の実用化が話題である．AI は，碁や将棋において人間の名人に勝ち，また，画像診断，車の自動操縦などにおいて実用化に近づいている．人工知能はコンピュータの歴史の初期から研究されていて，これまでもブームの時期があったが，今回は本物だという声が高い．

今回の基本の技術は**ビッグデータ**と**機械学習**である．インターネットのおかげで大量の質のよいデータが得やすくなった．もっとも，データを得る際において，データに対する前処理はやはり必要である．

機械学習（machine learning）は，多くのデータとそれぞれの評価結果を学習させて，新規の入力データに対して正しく評価するシステムを作りだすことである．決定木，SVM（サポートベクターマシーン），ベイジアンネットワークなどいくつかの手法があるが，今日特に注目されているのは，ニューラルネットワーク，特に多層階（ディープな）ネットワークである（図 11.7）．

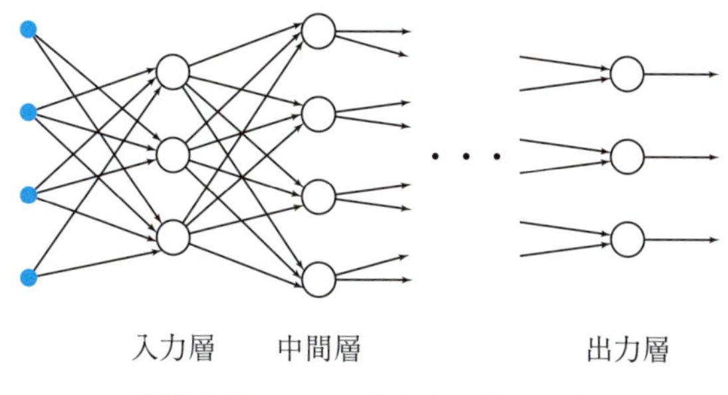

図 11.7　ニューラルネットワーク

ニューラルネットワークは，多入力多出力の計算層を多段に重ねたもので，データの入力の結果によって各計算要素を改良する，という操作を繰り返して学習するものである．多段の回数が 4 以上をディープといい，数百段に達する場合もある．この段数のためにはアルゴリズムのブレークスルーが必要だった．

画像のパターン認識をはじめとして，動画や音声の認識，データマイニング（データからの知識の獲得），テキストデータの認識，自動翻訳，ゲームの局面認識などにおいて，精度が飛躍的に上がった．碁において AlphaGo はディープラーニングと強大な計算システムを用いて人間の名人を越した．最新のものは，初期データなしに自己学習し，局面評価と手の深読み（モンテカルロ木）の双方に深層学習（Deep Learning）を用いる．

ニューラルネットワークの適用の実際においてはいろいろの課題がある．パラメータの設定，解の収束や安定性，結果の説明可能性などで，各適用ケースにおいて工夫が必要なようである．

人間に代替するための AI と，人間能力に勝つための AI とが区別できるかもしれない．しかし両者はたぶん技術的には同じことであろう．AI の各適用分野における具体的な目的の設定が重要である．人間の（場合によってはその分野における名人の）質量ともに豊富なデータによる模倣の学習と，コンピュータの高速の計算能力との，両者の使い分けあるいは協調がポイントであるように思われる．

第12章

セキュリティ，暗号，社会と情報

インターネットの発展とともに，情報システムからのデータの消失，改変，漏洩や，システムの使用妨害が増えて大きな問題となっている．原因は様々で，システムの誤作動，自然災害，第三者の善意あるいは悪意の介入などである．データやシステムの改竄，通信の盗聴，成りすまし，コンピュータウイルスなどの悪意ある使用介入は，不良動作の原因が直ちにはわかりにくいこともあり，利用者にとってはもちろん社会にとっても危険である．これらへの対策を，情報，コンピュータシステム，インターネットにおけるセキュリティという．データやシステム使用者の認証も，情報セキュリティに含まれて重要である．

セキュリティのための技術としては，情報の暗号化，ファイルのアクセス制御，ネットワークのファイアウォール，認証のためのパスワード，バイオメトリックス，ディジタル署名などがある．

セキュリティと近い概念として，システムの高信頼化や頑丈さ (robustness) があり，これは主にシステムの障害や自然災害などに対処する．

情報やシステム，ソフトウェアは，技術的な面だけでなく，法的，経済的，社会的な面ももつ．ここでは知的所有権，プライバシー，情報倫理について見る．

12.1 情報セキュリティ，認証

情報セキュリティ (information security) の目標は，データ，システム，ネットワークの

- 機密性 (confidentiality)
- 完全性 (integrity)
- 可用性 (availability)

という性質を達成することとされる．機密性とは，使用の内容が，当事者以外の者から秘密を保つことである．完全性とは，使用の内容がその前後で一貫性を保つことである．可用性とは，必要なときに必要なだけ使用可能であること

である．さらに，望ましい目標の追加として，真正性（authenticity），責任追跡性（accountability），否認防止（non-repudiation），信頼性（reliability）がある．

セキュリティにおけるこれらの目標が破られる原因として，具体的には，

- 停電，事故，地震，火災，水害などの災害，テロ，戦争
- 機械，プログラムの誤作動
- 人間の不注意な誤使用
- 悪意ある使用：盗聴，侵入，コンピュータウイルス，成りすまし

などがある．

はじめの 2 項に対して，特に第 2 項に対して，高信頼度システムやフォールトトレラントシステムという名で，システムの多重化をはじめとする様々な対策が，コンピュータやネットワークシステムの各レベルに対してなされている．ネットワークやデータベースのサーバにおけるディスクの多重化は重要で，RAID（Redundant Array of Independent Disks）という技術が使用されている（6.4 節）．企業において，基盤サーバやデータセンターを 2 ヶ所以上に設けることも多重化である．

人間の不注意な使用に対しては，ヒューマンコンピュータインタラクションの分野においても扱われる．ハードウェア，ソフトウェア，特にデータに対しての，人の不注意な使用による紛失や破壊，機密データの外部への流出が大きな問題になっているが，その対策はソフトウェアよりも人間が対象になる場合も多く，また個別の対策が必要なこともあり困難な課題である．

さらに最近は目標として，データやシステムの使用の，無名性（anonymous），非追及性（untraceable），非リンク性（unlinkable）が大事だとされている．これはビッグデータに関連してのデータや行動の機密性である．

認証（authentication）とは，システム使用者の本人が本人であり他人でないことを，何らかの電子的な手段でシステムや他人に対して示すことで，日常でのたとえば運転免許証を提示することにあたる．電子署名は，電子文書に署名や印章にあたるものを付加して，改竄や偽造を防ぐもので，具体的な技術としてディジタル署名がある（12.2 節）．

12.2　暗号，アクセス制御，マルウェア

この節では，悪意ある第三者の使用に対する，コンピュータ，ネットワークやデータのセキュリティのための技術を扱う．セキュリティ上で問題になる，盗聴，侵入，成りすましなどに対する方策として，情報の暗号化，アクセス制御，ファイアウォール，認証などがある．

12.2.1　セキュリティのための技術

暗号化

暗号化には 2 種類ある．一つは古来からのもので，**共通キー暗号**方式と呼ばれる．メッセージの平文を暗号文に変換するときのキーと，暗号文を復号して元の平文にするときのキーとが共通である．第三者に暗号文から平文を読み取られないように，キーを秘密にするが，送信者から受信者へ如何にしてキーを秘密裏に伝えるかが難しい（図 12.1）．

公開キー暗号（public key encryption）には二つのキーがある．一つは公開し，一つは非公開．公開した前者から非公開の後者を簡単には計算できないということが重要である．メッセージの受信者が，公開キーと非公開キーの組を決めて，あらかじめ前者を公開する．受信者だけが秘密キーをもっている．情

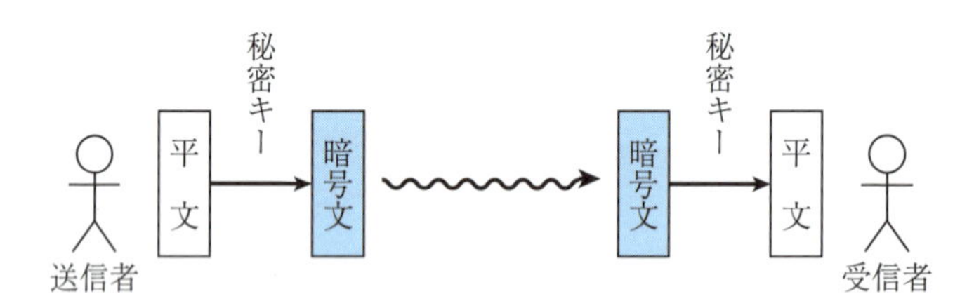

図 12.1　共通秘密キー暗号

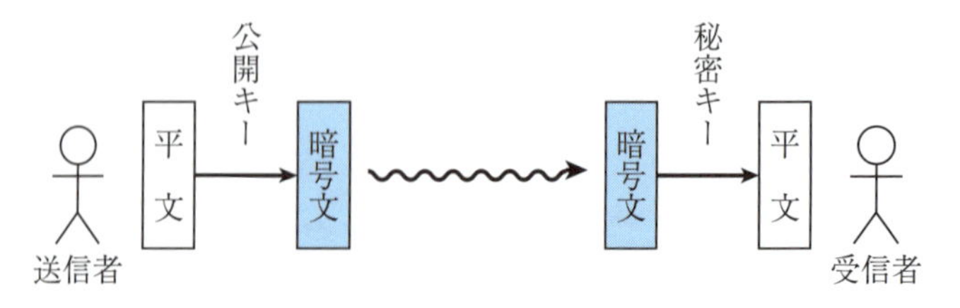

図 12.2　公開キー暗号

報の送信者は公開されている公開キーを用いて，メッセージの平文を暗号化し，暗号文を送る．それを受け取った受信者は，非公開キーを用いて暗号文を平文化する．送信者は非公開キーをもっていなくてすむ（図 12.2）．

このような公開キーと非公開キーの組の作成は実は容易ではないが，整数の素因数分解に基づく RSA（Rivest-Shamir-Adelman，1977）方式や，楕円曲線暗号などが実用されている．

アクセス制御

情報の**アクセス制御**とは，データやシステム使用において，アクセス可能な各ユーザにアクセスの資格を制御するものである．ファイルのアクセス制御はコンピュータ上で，オペレーティングシステムの機能として実現する．方法としては，各データとユーザに対する，パスワードの設定や，可能なアクセス方法の指定である．Unix のファイルシステムの機能では，各ファイルに対して，

(1)　読み取り（read）可能／不可

(2)　書き換え・消去（write）可能／不可

(3)　実行（execute）可能／不可

これら 3 種のアクセスの可不可を，各ユーザ，各ユーザグループ，全員に対して，指定できる．Unix ではさらに，一般ユーザとスーパーユーザとでアクセスに違いを持たせている．コンピュータネットワーク上でのアクセス制御はさらに複雑である．

ファイアウォール

ファイアウォール（firewall）とは，ネットワーク上の，LAN の出入り口（ルータ）などの結節点において，不要なあるいは悪意あるデータを通さないことで，ネットワークの内部を防御するものである．これによって SPAM（迷惑メール）やコンピュータウイルスを（ある程度）避けることができる．逆に LAN の内部から外部への方向を制御する場合もある．ネットワーク層（layer3）においてIP プロトコルのパケットに適用するのが基本であり，パケットのヘッダを見ることでフィルタをかける．またトランスポート層（layer4）の TCP や UDP パケットに対しても行われる．アプリケーション層（layer7）に対しては主にプロキシサーバが行うが，個々のアプリケーションの技術となる．

ディジタル書名

電子認証においては**ディジタル署名**が有力な技術である．公開キー暗号の場合と同じく，公開キーと秘密キーの組をあらかじめ用意し，ユーザはこれを認証機関に登録する．ユーザは署名を秘密キーで暗号化し，署名として使用する(たとえばファイルに添付)．公開キーで平文化することで，利用者が秘密キーを実際に所有していることがわかり，署名を認証できる．暗号の場合と逆順である．

12.2.2　マルウェアとハッキング

マルウェア（malware）とは，不正で有害な，悪意あるプログラムのことで，データの破壊や盗難が典型的な被害である．マルウェアのことをウイルスということも多いが，これはウイルスという用語の広い意味での用法である．マルウェアの種類は数多いが，トロイの木馬（Trojan horse）は無害を偽装して侵入するプログラムである．ワーム（worm）と（狭義の）**ウイルス**（virus）は自己増殖が特徴だが，前者はプログラムとして単体で存在し，後者は別のプログラムの一部として寄生して存在する．マルウェアは，ウェブの閲覧や，メールの添付文書その他で感染する．

ハッキング（hacking）とは，たとえばパスワードを破って，コンピュータシステムに無断で侵入し，悪意ある操作をすることである．本来はハッキングはわるい意味ではなく，クラッキング（cracking）というべきである．

12.3　知的所有権，プライバシー，情報倫理

情報は人間および社会と様々な形で関連している．情報もソフトウェアも，その製作者や使用者は種々の権利をもつ．知的所有権やプライバシー権である．逆に，情報とソフトウェアの製作や使用において，社会に対して，倫理的，法的，あるいは経済的な責任や義務を負う．ここではつぎの三つについてまとめる．

- 知的所有権
- プライバシー，表現の自由
- 情報倫理

知的所有権

知的所有権（知的財産権，intelectual property rights）はつぎの三つに分ける．

(1) 知的創作物

(2) 営業上の標識

(3) それ以外の営業上・技術上のノウハウなど，有用な情報

具体的には，文芸，美術，学術の著作物，実演家の実演，レコードや放送，発明，科学的発見，意匠，商標，商号などである．関連する具体的な権利を示す法律は，特許権，実用新案権，意匠権，著作権，商標権などである．著作権において，各メディアごとに，**保護期間**などの，権利の形が法的に定められている．

コンピュータのソフトウェアつまりプログラムの作成者の権利は著作権で保護される．ソフトウェアの購入や使用において，ソフトウェアライセンスは，著作権に関連して使用許諾契約の一部で，ソフトウェアの利用者が遵守すべき事項である．内容としては，そのソフトウェアの利用者に対する制限，利用可能期間や場所，利用目的の制限などである．

オープンソースソフトウェア（open source software, 1998–）は，ソフトウェアのソースコードを公開し，ユーザによるその改良を許すものである．

オープンソースの先駆でもある GNU の GPL（GNU General Public License）においては，GPL で配布されたソフトウェアを頒布するにあたっては，「被頒布者からソースコードを要求された場合は配布物のソースコードを提供しなければならない」という項目がある．

フリーウェア（freeware）は，無料のソフトウェアの意味で，インターネットからダウンロードするのが多い．これはオープンソースとは限らない．似た意味のシェアウェア（shareware）は，ソフトウェアの作成費用を利用者もシェアして少額を負担しようという意味である．有料あるいは無料のソフトウェアにおいて，ユーザに API（Application Program Interface，ライブラリ）として，ソフトウェアを各ユーザが自在に使えるような関数群をフリーで公開し提供する場合も多い．

プライバシー，表現の自由

プライバシーとは，個人の私生活に関する事柄や情報が社会から隠されていることを要求する権利のことである．さらには，個人に関する情報を制御できる権利をいう．日本では個人情報保護法が制定されている．しかしこのプライバシー権は，表現の自由や報道の自由と抵触することがある．さらに，他者や国家の保有する個人の情報についてそれらの扱いつまり公開の程度，修正や削除についての権利をも含む．OECD 理事会の 1980 年の勧告「プライバシー 8 原則」は重要である．収集制限の原則，データ内容の原則などである．

「プライバシー保護と個人データの国際流通についてのガイドラインに関する OECD 理事会勧告（1980 年 9 月）（仮訳）」

`http://www.mofa.go.jp/mofaj/gaiko/oecd/privacy.html`

情報は社会において人間が共有し利用する．その意味で情報は，できるだけ多数の人間に公開され，用いられることが本来は望ましい．情報の公開性（openness, publicness）である．一方で情報は，場合によって，ある範囲の人以外には隠蔽することが望ましいというプライバシー権がある．

情報倫理

一般に社会における人の倫理は，つきつめると，個人の自由（自立・尊厳）と，公共の福利（幸福・福祉）ということであろうか．**情報倫理**もこれと同じであろうが，社会において具体的に現れる，情報の扱いにおけるマナーやエチケットと，法的・経済的な権利や義務である．スヴェンソン（R. Severson）は情報倫理における原則をつぎの四つにまとめている．

(1)　知的所有権の尊重
(2)　プライバシーの尊重
(3)　公正な情報掲示
(4)　危害を与えないこと

さらに，**メディアリテラシ**（media literacy）は，情報メディアから主体的に必要な情報を得て，真偽や価値を判断・識別し，情報を活用する能力のことである．情報を処理し発信する能力を含める場合もある．テレビやインターネットのグローバルな発展により，メディアリテラシの重要性が増している．

第 12 章の章末問題

12.1 歴史上の有名な暗号について調べなさい．

12.2 認証の手段としての，バイオメトリクスの技術の種類と得失を調べなさい．

12.3 知的所有権の，文芸や映画など，メディアの種類ごとの権利の違いを調べなさい．

参 考 文 献

日本語の文献

■1 章

[1-1] 甘利俊一：情報理論，ちくま学芸文庫，2011.

[1-2] ウンベルト・エーコ，池上嘉彦訳：記号論 I, II，講談社学術文庫，2013.

[1-3] 川合慧：情報科学の基礎，放送大学教育振興会，2007.

[1-4] 木下是雄：理科系の作文技術，中公新書，1981.

[1-5] グライク，楡井浩一訳：インフォメーション — 情報技術の人類史，新潮社，2013.

[1-6] 萩谷昌己：情報システム，丸善出版，2016.

[1-7] ブルックシャー，神林，長尾訳：入門コンピュータ科学 — IT を支える技術と理論の基礎知識，アスキードワンゴ，2017.

[1-8] ミュラー，グイド，中田訳：Python ではじめる機械学習，オライリー・ジャパン，2017.

[1-9] 山崎秀記：情報科学の基礎 — 記法・概念・計算とアルゴリズム，サイエンス社，2008.

[1-10] 吉田夏彦：論理と哲学の世界，ちくま学芸文庫，2017.

■2 章

[2-1] 牛島和夫，相利民，朝廣雄一：離散数学，コロナ社，2006.

[2-2] 小野寛晰：情報科学のための論理，日本評論社，1994.

[2-3] グラハム，クヌース，パタシュニク，有澤誠他訳：コンピュータの数学，共立出版，1993.

[2-4] 野崎昭弘：詭弁論理学，改版，中公新書，1992.

■3 章

[3-1] 画像情報教育振興協会：ビジュアル情報表現— ディジタル映像表現・Web デザイン入門，2006.

[3-2] グラハム，乾他訳：Unicode 標準入門，翔泳社.

[3-3] 東京商工会議所：カラーコーディネーション，2000.

[3-4] 深沢千尋：文字コードの超研究 改訂第 2 版，ラトルズ，2011.

■ 4 章

[4-1] 石畑清：アルゴリズムとデータ構造，岩波書店，1989.
[4-2] シプサー，太田他訳：計算理論の基礎 第 2 版，共立出版，2008.
[4-3] セジウィック，野下他訳：アルゴリズム C・新版，近代科学社，2004.
[4-4] 玉木久夫：乱択アルゴリズム，共立出版，2008.
[4-5] 疋田輝雄：C で書くアルゴリズム，サイエンス社，1995.

■ 5 章

[5-1] 笹尾勤：論理設計 スイッチング回路理論 第 4 版，近代科学社，1995，2005.
[5-2] ハリス，ハリス，天野他訳：ディジタル回路設計とコンピュータアーキテクチャ 第 2 版．翔泳社，2017.

■ 6 章

[6-1] 清水謙多郎：オペレーティングシステム，岩波書店，1992.
[6-2] マクージック他，歌代訳：BSD カーネルの設計と実装，アスキー，2005.

■ 7 章

[7-1] アーノルド他：プログラミング言語 Java 第 4 版，東京電機大学出版局，2014.
[7-2] 池内孝啓，鈴木たかのり：Python ライブラリ厳選レシピ，技術評論社，2015.
[7-3] 奥村晴彦他：LATEX2ε 美文書作成入門，改訂第 7 版，技術評論社，2017.
[7-4] オラム他，久野他訳：ビューティフルコード，オライリー・ジャパン，2008.
[7-5] セチ，神林訳：プログラミング言語の概念と構造，ピアソン・エデュケーション，2002.
[7-6] 中所武司：ソフトウェア工学，朝倉書店，2000.
[7-7] パワーズ，武舎，武舎訳，初めての JavaScript 第 2 版，オライリー・ジャパン，2009.
[7-8] 疋田輝雄，石畑清：コンパイラの理論と実現，共立出版，1988.
[7-9] ファウラー，羽生田訳：UML モデリングのエッセンス 第 3 版，翔泳社，2005.

■ 8 章

[8-1] 福田，黒澤：データベースの仕組み，朝倉書店，2009.
[8-2] 増永良文：リレーショナルデータベース入門 [第 3 版] —データモデル・SQL・管理システム・NoSQL，サイエンス社，2017.

■ 9 章

[9-1] 画像情報教育振興協会（CG-ARTS 協会），コンピュータグラフィックス，改

訂新版，2015.
[9-2] 向井信彦：基礎からのコンピュータグラフィックス，日新出版，2012.

■10 章
[10-1] 池田，山本：情報ネットワーク工学，オーム社，2009.
[10-2] インターネット協会：インターネット白書，インプレス.
[10-3] 竹下，村山，荒井，苅田：マスタリング TCP/IP 入門編 第5版，オーム社，2012.
[10-4] タネンバウム，ウエザロール，水野他訳：コンピュータネットワーク 第5版，日経 BP 社，2013.

■11 章
[11-1] イースリー，クラインバーグ，浅野，浅野訳：ネットワーク・大衆・マーケット，共立出版，2013.
[11-2] マニング他，岩野他訳：情報検索の基礎，共立出版，2012.
[11-3] ラングビル，メイヤー，岩野，黒川，黒川訳：Google PageRank の数理，共立出版，2009.

■12 章
[12-1] 佐々木，手塚：情報セキュリティの基礎，共立出版，2011.

外国語の文献

■1 章
[1-11] J. Gleick : The Information : A History, a Theory, a Flood, Pantheon Books, 2011.
[1-12] S. Russel, P. Norvig : Artificial Intelligence: A Modern Approach, 3rd ed., Pearson, 2010.

■2 章
[2-5] R. Diestel : Graph Theory, 5 Aufl., Graduate Texts in Mathematics, Springer, 2017.

■4 章
[4-6] A. Hodges : Alan Turing: the Enigma, Burnett Books, 1983.
[4-7] D. E. Knuth : The Art of Computer Programming, Vol.3, Sorting and Searching, 2nd ed., Addison-Wesley, 1998.

[4-8] N. Wirth : Algorithms + Data Structures = Programs, Prentice-Hall, 1976.

■ 5 章

[5-3] digital : pdp11 processor handbook, 1978.

[5-4] D. Harris, S. Harris : Digital Design and Computer Architecture, 2nd ed., Elsevier, 2013.

[5-5] J. L. Hennessy, D. A. Patterson : Computer Architecture: A Quantitative Approach, 4th ed., Morgan Kaufmann, 2007.

■ 6 章

[6-3] M. K. McKusick, G. V. Neville-Neil : The Design and Implementation of the FreeBSD Operating System, Addison-Wesley, 2005.

[6-4] B. Shneiderman, C. Plaisant : Designing the User Interface, 4th ed., Addison Wesley, 2004.

[6-5] A. Silberschatz, P. B. Galvin, G. Gagne : Operating System Concepts, 7th ed., John Wiley and Sons, 2004.

■ 7 章

[7-10] A. W. Appel : Modern Compiler Implementation in Java, 2nd ed., Cambridge University Press, 2002.

[7-11] K. Arnold, J. Gosling, D. Holmes : The Java Programming Language, 4th ed., Addition-Wesley, 2006.

[7-12] B. J. Evans, D. Flanagan : Java in a Nutshell, 6th ed., O'Reilly, 2015.

[7-13] D. Flanagan : JavaScript The Definitive Guide, 6th ed., O'Reilly, 2011.

[7-14] D. P. Friedman, M. Wand : Essentials of Programming Languages, 3rd ed., The MIT Press, 2008.

[7-15] A. Martelli, et al. : Python in a Nutshell, 3rd ed., O'Reilly, 2017.

[7-16] S. L. Pfleeger, J. M. Atlee : Software Engineering: Theory and Practice, 3rd ed., Prentice Hall, 2005.

[7-17] R. W. Sebesta : Concepts of Programming Languages, 11th ed., Pearson, 2015.

[7-18] A. Oram, et al.: Beautiful Code: Leading Programmers Explain How They Think, O'Reilly, 2007.

■ **8 章**

[8-3] J. D. Ullman, J. Widom : A First Course in Database Systems, 3rd ed., Prentice Hall, 2007.

■ **9 章**

[9-3] J. F. Hughes : Computer Graphics: Principles and Practice, 3rd ed., Addison-Wesley, 2012.

■ **10 章**

[10-5] A. S. Tanenbaum, D. J. Wetherall : Computer Networks, 5th ed., Pearson Education, 2010.

■ **11 章**

[11-4] D. Easley, J. Kleinberg : Networks, Crowds and Markets, Reasoning about a Highly Connected World, Cambridge University Press, 2010.

[11-5] C. D. Manning, P. Raghavan, H. Schutze : Introduction to Information Retrieval, Cambridge University Press, 2008.

■ **12 章**

[12-2] M. Stamp : Information Security: Principles and Practice, 2nd ed., Wiley.

索　引

さ　行

た　行

な　行

は 行

ま　行

や　行

ら　行

わ　行

欧数字

著者略歴

疋田輝雄（ひきた てるお）

1970年　東京大学理学部数学科卒業
現　在　明治大学名誉教授
　　　　理学博士

主要著書
『Cで書くアルゴリズム』（サイエンス社）
『Pascalプログラミング 増訂版』（共著，サイエンス社）
『コンパイラの理論と実現』（共著，共立出版）

Information & Computing=119
コンピュータ科学とインターネット
—情報のさまざまな表現形式と理論を学ぶ—

2019年7月10日 ©　　　初版発行

著　者　疋田輝雄　　　発行者　森平敏孝
　　　　　　　　　　　印刷者　杉井康之
　　　　　　　　　　　製本者　米良孝司

発行所　株式会社　サイエンス社

〒151-0051　東京都渋谷区千駄ヶ谷1丁目3番25号
営業　☎(03)5474-8500(代)　振替　00170-7-2387
編集　☎(03)5474-8600(代)
FAX　☎(03)5474-8900

印刷　(株)ディグ　　　製本　ブックアート

サイエンス社のホームページのご案内
http://www.saiensu.co.jp
ご意見・ご要望は
rikei@saiensu.co.jp　まで.

ISBN978-4-7819-1451-0
PRINTED IN JAPAN